中等职业教育高星级饭店运营与管理专业项目课程系列教材

茶与茶文化（第2版）

CHA YU CHA WENHUA

主　编　陈丽敏

重庆大学出版社

内容提要

本书在项目课程理论的指导下，从中级茶艺师的岗位技能出发，以茶艺师实际工作过程和项目任务的实现过程为引线，以茶艺师茶艺服务技能为导向，着眼于从基本技能开始培养中级茶艺师。通过茶闻新知、茶事准备、客来敬茶、创业之道4个项目的学习，将传授理论知识转为培养动手能力，打破传统的知识传授方式；将中级茶艺师职业技能考证的相关内容融入课程教学中，使学生在能够设计除各类基茶茶艺表演程序外，还具有评审茶叶、品评茶叶的技能，培养学生的实践动手能力。

本书可作为中等职业教育高星级饭店运营与管理专业以及旅游服务类专业的教材，也可作为旅游相关从业人员的培训用书。

图书在版编目(CIP)数据

茶与茶文化 / 陈丽敏主编. --2版. --重庆：重庆大学出版社，2022.5

中等职业教育高星级饭店运营与管理专业项目课程系列教材

ISBN 978-7-5624-6787-8

Ⅰ.①茶… Ⅱ.①陈… Ⅲ.①茶文化—中国—中等专业学校—教材 Ⅳ.①TS971.21

中国版本图书馆CIP数据核字(2021)第213826号

中等职业教育高星级饭店运营与管理专业项目课程系列教材

茶与茶文化

（第2版）

主　编　陈丽敏

策划编辑：顾丽萍

责任编辑：姜　凤　　版式设计：顾丽萍

责任校对：夏　宇　　责任印制：张　策

*

重庆大学出版社出版发行

出版人：饶帮华

社址：重庆市沙坪坝区大学城西路21号

邮编：401331

电话：(023) 88617190　88617185(中小学)

传真：(023) 88617186　88617166

网址：http://www.cqup.com.cn

邮箱：fxk@cqup.com.cn（营销中心）

全国新华书店经销

重庆市国丰印务有限责任公司印刷

*

开本：787mm×1092mm　1/16　印张：8　字数：182千

2012年9月第1版　2022年5月第2版　2022年5月第7次印刷

印数：9 001—12 000

ISBN 978-7-5624-6787-8　定价：29.00元

【第2版前言】

中国古人以茶养廉、以茶养德、以茶怡情，而今饮茶已成为现代人的一种生活方式和一种文化艺术。传统的茶艺馆以向茶客提供茶艺服务为主要宗旨，而随着生活水平的提高，现代茶艺馆既要承继传统，又要开创时尚，发展新兴的茶文化产业，茁壮成长为休闲产业的一个强大分支。

面对市场对人才的需求，茶艺服务员的岗位培训显得尤为重要。目前，国内许多有关茶文化的书籍各有其独到之处，而本书的独到之处是，在广州市旅游商务职业学校项目课程课题组的指导下，以项目课程为理论基础，通过行业调研，与行业专家刘健锋、李朝玉进行研讨，详细地分析了茶艺师的职业能力，总结出该行业对茶艺师的能力要求，同时通过茶文化课堂教学实验，变传授知识为培养动手能力，打破了传统的知识传授方式，以"项目"为主线，创设工作情境，将中级茶艺师职业技能考证的相关内容融入课程教学中，培养学生的实践动手能力。

本书是在第1版的基础上进行的修订，由4个项目组成，具体编写分工如下：项目一由管宛嫦编写，项目二由白碧珍编写，项目三由陈丽敏编写，项目四由王梦圆编写。陈丽敏负责全书统稿。

本书有配套教学课件、教学方案设计、实训方案、教学视频、试题及答案等数字资源，可联系出版社免费获取。

本书在编写过程中，参考和引用了许多国内外专业书籍与理论，在此深表谢意。

由于编者水平有限，书中难免存在不妥之处，敬请广大读者批评指正。

陈丽敏

2021年7月

【课程标准】

一、适用专业

中等职业学校旅游服务类专业。

二、课程性质

本课程从介绍茶文化历史开始，讲述各类茶叶的冲泡方法，主要包括茶文化历史、茶叶知识、茶艺知识、泡茶技艺、茶保健知识等。内容充实，实用性强，能让学生在掌握泡茶技艺的同时陶冶情操、净化心灵，拉近人与人之间的距离，建立和谐的人际关系。

三、参考学时

72 学时。

四、学分

4 学分(18 学时为 1 个学分)。

五、课程目标

学生通过本项目的学习，获得高素质茶艺师所必需的茶艺方面的基本理论、基本知识和基本技能；通过解决项目，根据要求设计各类行茶法，为正确运用茶文化知识、提高综合素质、增强职业变化的适应能力及继续学习打下基础，从而培养团结协作、爱岗敬业、吃苦耐劳的品德和良好的职业道德观。

六、设计思路

在内容设计方面，本课程突出体现茶艺师岗位职业能力本位，紧紧围绕完成工作任务模块的需要来选择课程内容。本书从“任务与职业能力”分析出发，设定职业能力培养目标，变传授知识为培养动手能力，打破了传统的知识传授方式，以“项目”为主线，创设工作情境，将中级茶艺师职业技能考证的相关内容融入课程教学中，培养学生的实践动手能力。

序号	项目	任务	工作与学习要求	参考学时
1	茶闻新知（8 学时）	茶的历史	收集与茶相关的信息，探究茶的起源、发展与传播的历史，找出茶叶传播路线	2
		茶艺演变	能以朝代为线索讲述茶艺演变	2
		茶艺馆新知	认识茶艺馆演变	2
		以礼待客	能运用礼仪相关知识接待宾客	2
2	茶事准备（14 学时）	备水	通过品味自来水与山泉水冲泡的茶汤，体味水为茶之母	2
		备茶	根据茶叶的制作流程，对茶叶进行分类；通过闻香、观形、看汤色探究各类茶叶的特性；找出鉴别新茶和陈茶、真茶与假茶的方法	8
		备具	能对茶具分类，并根据茶叶的特性挑选冲泡用的茶具；能根据主题与环境要求布置茶席	4
3	客来敬茶（38 学时）	儒雅的绿茶茶艺	使用玻璃杯、盖碗冲泡绿茶，掌握绿茶冲泡技巧；能根据客人品茶要求配置茶具及运用绿茶行茶法提供茶事服务；能为客人解说行茶法的每个步骤，并介绍绿茶的特点	8
		醇美的乌龙茶茶艺	使用紫砂壶、盖碗冲泡乌龙茶，掌握冲泡乌龙茶的技巧；能根据客人要求提供潮汕乌龙茶、福建乌龙茶、台湾乌龙茶的茶事服务；能解说行茶法的每个步骤，并向客人介绍乌龙茶的特点	12
		高雅的红茶茶艺	使用盖碗、茶壶冲泡红茶，掌握冲泡红茶的技巧；能根据客人要求提供红茶茶事服务；能熟练解说行茶法的每个步骤	6
		厚道的黑茶茶艺	使用盖碗、紫砂壶冲泡黑茶，掌握冲泡黑茶的技巧；运用行茶法为客人提供茶事服务；能解说行茶法的每个步骤	8
		芬芳的花茶茶艺	使用盖碗冲泡花茶，掌握冲泡花茶的技巧；应用花茶行茶法为客人提供茶事服务；能向客人解说行茶法的每个步骤	4
4	创业之道（8 学时）	茶乡随俗	认识各种民族茶艺、外国茶艺	2
		茶叶销售	能根据销售的需要向宾客推销茶叶	2
		经营之道	认识茶艺馆创业的经营之道	4
5	机动（4 学时）	—	—	4
6	合计			72

目录

项目一　茶闻新知

茶。
香叶，嫩芽。
慕诗客，爱僧家。
碾雕白玉，罗织红纱。
铫煎黄蕊色，碗转曲尘花。
夜后邀陪明月，晨前命对朝霞。
洗尽古今人不倦，将知醉后岂堪夸。

——唐 · 元稹《一字至七字诗 · 茶》

学习目标

①了解茶的历史；
②了解茶艺的演变；
③认识茶艺馆的演变；
④能运用相关礼仪知识接待宾客。

茶文化博大精深，源远流长，底蕴深厚，是中国文化内涵的一种具体表现，具有鲜明的中国文化特征。本项目主要阐述茶的起源、演变及相关的茶艺馆、礼仪知识，是茶艺入门的基础。

任务一　茶的历史

【茶诗】

茶之为饮，发乎神农氏，闻于鲁周公。

——唐·陆羽《茶经》

【学习目标】

探究茶的起源、发展与传播的历史，找出茶叶传播路线。

【前置任务】

以小组为单位，通过各种途径，收集与茶相关的资料，如茶的起源、茶的发展、茶叶的传播历史等，分析归纳后完成以下报告表，以书面形式汇报。

茶的起源资料报告表

活动时间：	
组内成员：	组长：
资料收集方式：	
任务分工情况：	
报告内容：	

报告小组：

茶的发展资料报告表

活动时间：	
组内成员：	组长：
资料收集方式：	
任务分工情况：	
报告内容：	

报告小组：

茶叶的传播历史资料报告表

<table>
<tr><td colspan="2">活动时间：</td></tr>
<tr><td>组内成员：</td><td>组长：</td></tr>
<tr><td colspan="2">资料收集方式：</td></tr>
<tr><td colspan="2">任务分工情况：</td></tr>
<tr><td colspan="2">报告内容：</td></tr>
</table>

报告小组：

【相关知识】

一、茶文化概述

茶文化以茶为载体，是集物质、精神、心理、风俗和休闲娱乐等为一体的文化体系。其历史悠久、内涵丰富、独具特色，久经历史变迁而始终兴盛不衰。茶文化体系主要包括茶文化史学、茶文化社会学、茶文化交流学、茶文化功能学。

茶文化具有以下 5 个特性：

（一）历史性

茶文化的形成和发展历史非常悠久，伴随着城市文化的形成而孕育诞生。茶文化注重意识形态，融入了儒家、道家和释家的哲学思想，以雅为主，结合了诗词书画、品茗歌舞等艺术，并演变为各民族的礼俗，发展成了一种独具特色的文化范式。

（二）民族性

各民族各具特色的茶饮方式及丰富多样的茶俗，充分体现了茶文化的民族性。

（三）时代性

在茶文化漫长的历史发展过程中，在不同历史阶段，茶文化的发展呈现出不同的时代特色。

（四）区域性

名山、名水、名人、名茶和名胜古迹，孕育出各具地方特色的茶文化。

（五）国际性

中国茶文化向国外传播，与世界各国文化相融合。日本茶道、韩国茶礼、英国茶文化、俄罗斯茶文化和摩洛哥茶文化等都深受中国茶文化影响。

二、茶的历史

中国是世界上最早发现和利用茶树的国家。《神农本草经》中记载:“神农尝百草,日遇七十二毒,得茶而解之。”由此可见,在古代,我国已经发现和利用茶树。茶的历史发展,见表 1.1。

表 1.1　茶的历史发展表

年代	发展状况
春秋战国后期	四川的茶树栽培、制作技术及饮用习俗向当时的经济、政治、文化中心(陕西、河南等地)传播,陕西、河南成为我国最古老的北方茶区之一。其后,逐渐向长江中、下游推移,传播到南方各省
秦汉时期	四川产茶已初具规模,制茶技术不断被改进,茶叶被广泛用于多种用途,如药用、丧用、祭祀用、食用乃至成为上层社会的奢侈品
三国、两晋、南北朝	茶叶成为商品,茶叶生产精工采制,质量进一步提高。南北朝时期,佛教在我国盛行,佛教提倡坐禅,而夜里饮茶可以驱除睡意,因此,茶叶和佛教结下了不解之缘,茶之声誉,遂驰名于世
唐宋时期	唐朝重视农作,茶叶的生产和贸易迅速兴盛,是我国茶叶发展史上第一个高峰时期。茶叶产地遍布长江、珠江流域和陕西、河南等 14 个区的许多州郡。武夷山茶采制而成的蒸青团茶极负盛名。在唐朝至五代的基础上,两宋的茶叶生产逐步发展,茶叶产区有所扩大,茶叶产量有所增加
元朝	讲究制茶功夫,制茶技术不断提高。当时具有地方特色的茗茶被视为珍品,在南方极受欢迎。元朝在茶叶生产上的另一成就是用机械来制茶叶,较宋朝碾茶前进了一步
清末	中国大陆茶叶生产已相当发达,共有 16 省(区),600 多个县(市)产茶,面积 100 多万公顷,居世界产茶国首位
近代	茶叶种植面积不断扩大,茶叶生产蓬勃发展。制茶方面基本实现了茶叶加工全程机械化。同时,茶树良种选育、鉴定、繁殖和推广,改善了茶树品种结构,提高了茶叶产量和品质,扩大了茶叶商品范畴
21 世纪	茶的绿色健康、天然生态、清净和谐与当代生活理念相互契合。茶成为世界主流饮料

三、茶的传播史

中国茶业,最初兴于巴蜀,其后向东部和南部扩散传播,逐渐遍及全国。到了唐代,又传至日本和朝鲜，16 世纪后传入西方。所以，茶的传播史，分为国内与国外两条线路。

(一)茶在国内的传播史

茶在国内的传播状况，见表 1.2。

表 1.2 茶在国内的传播状况表

年代	传播状况
先秦两汉	巴蜀是中国茶业的摇篮，据文字记载和考证，巴蜀产茶至少可追溯到战国时期。秦汉时期，茶业随巴蜀与各地经济文化交流首先向东部、南部传播；西汉时，饮茶成风，茶叶已经商品化，最早的茶叶集散中心已形成
三国西晋	西晋时长江中游或华中地区成为茶业中心，在中国茶文化传播上逐渐取代了巴蜀
东晋、南朝	茶业发展向长江下游和东南沿海推进。由于上层社会崇茶之风盛行，南方尤其是江东茶文化有了较大发展，使我国茶业向东南进一步推进。长江下游宜兴一带的茶业已相当兴盛，东南植茶由浙西推进到了现今温州、宁波沿海一线
唐代	长江中下游地区成为中国茶叶生产和技术中心；茶业重心东移的趋势明显；至唐朝中期后，中原和西北少数民族地区都嗜茶成俗，南方茶叶随之空前蓬勃发展；唐代中叶后，长江中下游茶区不仅茶叶产量大幅度提高，制茶技术也达到了当时的最高水平
宋代	茶业重心由东向南转移，逐渐取代长江中下游茶区，成为宋朝茶业的重心。福建建安成为中国团茶、饼茶制作的主要技术中心，建安茶取代顾渚紫笋成为贡茶。宋朝的茶区基本上已与现代茶区范围相符
明清	着重于茶叶制法，各种茶类兴起

(二)茶在国外的传播史

当今世界广泛流传的种茶、制茶和饮茶习俗，都是由我国传播出去的。据记载，中国茶叶传播到国外，已有两千多年的历史，见表 1.3。

表 1.3 茶在国外的传播状况表

年代	传播状况
约公元 5 世纪(南北朝)	开始陆续输出至东南亚邻国及亚洲其他地区
公元 6 世纪下半叶	随着佛教僧侣相互往来，茶叶首先传入朝鲜半岛
唐代中叶(公元 805 年)	日本最澄禅师来我国浙江天台山学佛，归国时携回茶籽试种
宋代	日本荣西禅师从我国带回茶籽种植。日本茶业继承我国古代蒸青原理，制作出碧绿溢翠的茶，该茶别具风味
10 世纪	蒙古商队将中国砖茶从中国经西伯利亚带至中亚
15 世纪初	葡萄牙商船来中国通商贸易，西方的茶叶贸易开始出现

续表

年代	传播状况
约1610年	荷兰人将茶叶带至西欧,1650年后传至东欧,再传至俄国、法国等国,17世纪传至美洲
1684年	我国茶籽传入印度尼西亚试种
17世纪开始	我国茶籽传入斯里兰卡试种。斯里兰卡所产红茶质量优异,为世界茶叶创汇大国
1780年	我国茶籽经英属东印度公司传入印度种植。至19世纪后叶,“印度茶之名,充噪于世”。今天的印度已成为茶叶的生产、出口、消费大国
1880年	我国出口至英国的茶叶占茶叶出口总量的60% ~70%
1833年	帝俄时代,我国茶籽传入俄国试种,1848年我国茶籽种植于黑海岸。1893年中国茶师刘峻周带领一批技术工人赴格鲁吉亚传授种茶、制茶技术
20世纪	阿根廷、几内亚共和国、巴基斯坦、阿富汗、马里、玻利维亚等国纷纷引进我国茶籽发展茶叶生产,我国也多次派遣专家到这些国家交流、合作
21世纪	2018年,世界茶叶种植总面积约为488万公顷(7 320万亩),其中,中国约占303万公顷(4 545万亩),并成为世界第二大茶叶出口国,中国茶产业迎来大时代

(资料来源:中国茶叶流通协会)

茶叶的发祥地位于我国的云南省,茶叶通过广东和福建传播至世界。当时,广东一带的人把茶念为“CHA”;而福建一带的人把茶念为“TE”。广东的“CHA”经陆地传到东欧;福建的“TE”经水路传到西欧。

【实践园】

茶叶诞生于中国,是怎样传播的呢?请按年代和区域,绘制出一幅茶叶传播图。

【信息窗】

中国是统一的多民族国家,出于方言的原因,茶字在发音上有差异。例如,福州发音为 ta;厦门、汕头发音为 de;长江流域及华北各地发音为 chai、zhou、cha 等;少数民族的发音差别较大,如傣族发音为 a,贵州苗族发音为 chu、a。

世界各国对茶的称谓,大多是由中国茶叶输出地区人们的发音直译的。如日语的“チセ”和印度语对茶的读音都与“茶”的原音很接近。俄语的“чай”与我国北方茶叶的发音相似。英文的“tea”、法文的“he”、德文的“thee”、拉丁文的“hea”都是由我国广东、福建沿海地区的发音转译的。此外,奥利亚语、印地语、乌尔都语等的茶字发音,都是我国汉语茶字的音译。

【知识拓展】

神农尝百草的传说

唐代陆羽《茶经》称:“茶之为饮,发乎神农氏。”传说,“神农尝百草,日遇七十二毒,得茶而解之。”中国是发现与利用茶叶最早的国家,从发现、利用至今已数千年。茶树原产于中国的西南部,云南等地至今仍存活着树龄达千年以上的野生大茶树。史料记载,四川、湖北一带的古代巴蜀地区是中华茶文化的发祥地。从唐代、宋代至元、明、清时期,茶叶生产区域不断扩大,茶文化不断发展,并逐渐传播至世界各地。茶,这一古老的饮料,为人类文明进步做出了贡献。

【思考与实践】

1. 在中国,茶很早就被人们所认识和利用,茶树种植和茶叶的采制也较早。人类最初为什么要饮茶?饮茶的习惯又是怎样形成的?

2. 请以小组为单位,阐述“神农尝百草”。

任务二　茶艺演变

【茶诗】

簌簌衣巾落枣花,村南村北响缫车,牛衣古柳卖黄瓜。
酒困路长惟欲睡,日高人渴漫思茶,敲门试问野人家。

——宋·苏轼《浣溪沙》

【学习目标】

了解中国茶艺的演变过程,能以朝代为线索梳理茶艺的历史演变进程及饮茶方法的古今变化。

【前置任务】

以小组为单位,通过各种途径,收集关于茶艺发展变化的资料,研讨中国茶艺的古今变化,完成以下报告表。

中国茶艺演变资料报告表

活动时间：	
组内成员：	组长：
资料收集方式：	
任务分工情况：	
报告内容：	

报告小组：

【相关知识】

在长达几千年的植茶、制茶、饮茶的历史中，中国人民积累了丰富的具有文化内涵、艺术品位的制茶、泡茶、饮茶方法，而且有的还形成了一定的程式，其中具有规律性的内容，被人们归纳为茶艺。

茶艺有广义和狭义之分。广义的茶艺指研究茶叶的生产、制作、经营、饮用的方法和探讨茶叶的原理及原则，以达到物质和精神全面满足的学问。凡是有关茶叶的产、制、销、用等的过程，都属于茶艺。狭义的茶艺指泡好一壶茶及如何享受一杯茶的艺术。

泡茶是一门技艺，品茶则是精神和物质的双重享受，要领略饮茶的真趣和好处，还必须讲究品茶的环境、氛围，以及品茶的程序、内容、礼仪等。因此，也可以说，茶艺囊括了从泡茶到品茶的全过程。

一、茶艺的内容

（一）茶艺的分类

茶艺的分类可从时间、形式、地域、社会阶层几方面划分，具体划分见表1.4。

表1.4　茶艺分类表

划分依据	分类
时间	古代茶艺、现代茶艺
形式	表演茶艺、生活茶艺
地域	民俗茶艺、民族茶艺
社会阶层	宫廷茶艺、官府茶艺、寺庙茶艺

(二)茶艺的具体内容

茶艺的具体内容包含技艺、礼法和道3个部分。技艺和礼法属于形式部分,道属于精神部分,见表1.5。

表1.5 茶艺内容表

分类	具体内容
形式	技艺,指茶艺的技巧和工艺
	礼法,指礼仪和规范
精神	道,指一种修行,一种生活的方向,是人生哲学

二、中国茶艺的历史演变

茶文化是人类在生产、食用茶叶的过程中所产生的文化现象。人类食用茶叶的方式大致经过吃、喝、饮和品4阶段,见表1.6。

表1.6 中国饮茶方式发展表

饮茶方式	茶的功用
吃	将茶叶作为食物生吃或熟食
喝	将茶叶作为药物熬汤喝
饮	将茶叶煮成茶汤作为饮料饮用,主要是解渴
品	将其作为欣赏对象进行品尝,细啜慢咽,再三玩味

中国茶艺演变,从"吃"到"品",从物质到精神,经历了漫长的发展阶段,其历史演变见表1.7。

表1.7 中国茶艺演变发展表

发展阶段	茶艺演变
原始阶段(原始社会至先秦时期)	我国食用茶叶的历史可以上溯到旧石器时代,所谓的"神农尝百草",就是将茶树幼嫩的芽叶和其他可食植物一起当作食物。后来人们发现茶叶有解毒的功能,就把它作为药物熬成汤汁来喝,这就是"得茶乃解"的由来。商周时期,这种习惯得到继承和发展,直到战国末期,秦灭巴蜀后,饮茶之风才开始流行
启蒙阶段(两汉、三国)	中国茶文化发展历程中,三国以前属于启蒙和萌芽阶段。两汉、魏晋南北朝时期,南方饮茶已形成风气。但是,提到茶叶时汉代文献都只强调其提神、保健的功效;直到三国时期,我国饮茶的方式仍停留在药用和饮用阶段

续表

发展阶段	茶艺演变
萌芽阶段（晋代、南北朝）	西晋时期，文人饮茶兴起，有关茶的诗词歌赋日渐问世，赋予饮茶文化意味。西晋文人杜育专门写了一篇歌颂茶叶的《荈赋》，提到饮茶具有调节精神、谐和内心的功效，这是我国历史上第一首正面描述品茶活动的诗赋，已经涉及茶道精神。茶汤在此时开始成为品尝的对象，茶文化逐步形成
成熟阶段（唐代）	唐代中期，饮茶风气普及。公元780年，陆羽著《茶经》。《茶经》问世是唐代茶文化形成的标志。在书中，陆羽概括了茶的自然和人文科学，探讨了饮茶艺术，首创中国茶道精神，使饮茶变成富有诗情画意的生活艺术。唐代的中国茶道分宫廷茶道、寺院茶礼、文人茶道，是茶文化史上极其重要的阶段，是中国茶艺演变历程中的一座里程碑
兴盛阶段（宋代）	"茶兴于唐而盛于宋。"由宋代文人组成的专业品茶社团出现，茶仪已成礼制，赐茶已成皇帝笼络大臣、眷怀亲族的重要手段。民间，斗茶风起，采制烹点发生一系列变化。宋朝茶文化拓宽了茶文化的社会层面和文化形式，走向繁复、琐碎、奢侈，人们在品茗过程中追求更高层次的审美意境。元朝到明朝中期的茶艺走向简约，茶文化精神与自然契合，返璞归真
鼎盛阶段（明、清）	晚明到清初，茶类增多，泡茶技艺有别，茶具的款式、质地、花纹千姿百态。精细的茶文化再次出现，品茶被文人雅士们提升为高雅艺术。明代盛行散茶冲泡，对茶叶的色、香、味、形更加重视，对茶、水、具、境、泡、品每个环节要求更为严格、细致。功夫茶艺在此阶段形成、发展、成熟，成为我国最具艺术韵味的传统茶艺。明清的茶人将茶艺推进到尽善尽美的境地，插花、挂画、点茶、焚香并称"四艺"，为文人雅士所喜爱，品茶已进入"超然物外"的境界。除了茶诗、茶画外，许多茶歌、茶舞和采茶戏也产生了，由此可见明清茶文化发展之鼎盛
再现辉煌（现代茶艺）	随着时代更替，中国传统的品茗艺术与时俱进，变得更为人性化、生活化和艺术化。"茶艺"一词是20世纪70年代在中国台湾地区首先使用的，用来概括品茗艺术，有别于"茶道"。"茶艺"是泡茶的技艺和品茶的艺术，是茶文化的核心，人们在操作中体现茶道精神；"茶道"是人们操作过程中体现和追求的道德精神，有了茶道精神的观照，茶艺才具有精神、品位和神韵。茶艺和茶道，是中国茶文化的载体和灵魂

现代茶艺在生活中有两种主要表现形式：一种为休闲型茶艺，另一种为表演型茶艺，在社会活动中有不同功能。不同茶艺有各自的品饮技艺和文化意蕴，在茶艺过程中流淌着美的旋律，中国现代茶艺主要表现形式见表1.8。

表1.8　中国现代茶艺主要表现形式表

表现形式	社会功能及类型
休闲型	通过茶艺活动过程，调节精神状态，传递友情
表演型	对历史上、生活中的茶俗、茶礼、茶艺或茶道挖掘、收集、整理、提炼，将其融入现代科技，使其具有一定观赏性，分为民族型、地方型、宫廷型、文士型、寺院型、少儿型、科普型茶艺

三、饮茶方法的演变

中国数千年的饮茶史上，饮用方法经过多次改良变革。大体而言，我国饮茶方法先后经过煎饮、羹饮、冲饮（烹茶、点茶）、泡饮（泡茶）以及罐装饮法等阶段，见表1.9。

表1.9 中国饮茶方法演变表

发展阶段	饮茶方法	特点	备注
原始社会	煎饮法	煎茶汁治病，是最早的饮茶方法	
春秋战国至两汉	羹饮法	茶从药物转变为饮料。煮茶时，加粟米及调味的作料，呈粥状。煮茶、饮茶的器具则多与食具混用；此法沿用至唐代	在煎饮法和羹饮法这两个阶段，农耕文明色彩浓郁，中国茶文化尚未形成
唐、宋	冲饮法（烹茶、点茶）	出现于三国时期，兴于唐代，盛于宋代。成熟的冲饮法涉及采茶、制茶、储茶、烹茶、饮茶等复杂程序，茶具繁多，分工具体，使用讲究。茶文化和茶具文化已经形成，并达到了一个高峰	三国时期出现了研碎冲饮法，从中可以看出从羹饮法向冲饮法过渡的痕迹。唐代饮茶法是煮茶，在煎茶时加盐。到宋代，盛行点茶法（研膏团茶点茶法），以饮冲泡的清茗为主
明、清	泡饮（泡茶）法	基本上以全叶冲泡（散茶泡饮法）为主，强调饮茶过程本身的泡饮功能	泡饮法延续至今
现代	罐装饮法	与传统饮茶方式并存，是工业化的产品，与传统手工产品形态的茶叶有着质的区别，特别适合快节奏生活	袋泡茶、速溶茶、浓缩茶、罐装茶

【实践园】

1. 现代表演型茶艺有哪些类型？它们有哪些共同点和不同点？

2. 罐装饮茶方式对传统饮茶方式产生冲击，我们应如何保持和弘扬传统茶文化？请谈谈你的见解。

3. 中国、日本、朝鲜的茶道有哪些异同？谈谈你对它们的理解。

【知识拓展】

茶的起源

在国内，关于茶树的最早原产地的说法有好几种。有学者认真研究考证后认为，云南的西双版纳是茶树的原产地。人工栽培茶树的文字记载始于西汉的蒙山茶，此内容在《四川通志》中也有记载。

如今，我们还饮用着与姜太公、陆羽等先贤相同的饮料，确实是使人心潮澎湃的事情。饮茶的同时还能唤起我们很多美妙的遐想。

【思考与实践】

1. 茶艺起源于中国，茶艺与中国文学有着密不可分的关系。哪些诗词、文章与传说反映了人类食用茶叶方式各阶段的发展变化？

2. “杯小如胡桃，壶小如香橼。每斟无一两，上口不忍遽咽，先嗅其香，再试其味，徐徐咀嚼而体贴之。果然清芬扑鼻，舌有余甘。一杯之后，再试一二杯，释躁平矜，怡情悦性。”这段文字所描述的品茶方式形成于哪个朝代？属于哪种茶艺？盛行于哪个地区？

3. 茶艺与茶道有什么区别？茶艺与茶道是什么关系？

任务三　茶艺馆新知

【茶诗】

邂逅相逢，坐片刻不分你我；

彳亍(chì chù)而来，品一盏漫话古今。

——四川“兴盛居茶馆”茶联

【学习目标】

认识茶艺馆的过程。

【前置任务】

以小组为单位，搜集关于茶艺馆发展的资料，完成以下报告表，以书面形式汇报。

茶艺馆发展的资料报告表

<table>
<tr><td colspan="2">活动时间：</td></tr>
<tr><td>组内成员：</td><td>组长：</td></tr>
<tr><td colspan="2">资料收集方式：</td></tr>
<tr><td colspan="2">任务分工情况：</td></tr>
<tr><td colspan="2">报告内容：</td></tr>
</table>

报告小组：

【相关知识】

一、早期茶馆

历史上的茶馆有很多,有大茶馆、清茶馆、棋茶馆、书茶馆、野茶馆、茶棚等。近代的茶馆有音乐茶室、茶轩、茶亭等。这些场所主要给人们提供休闲、洽谈、联络等方便,形成各具特色的茶馆文化。早期茶馆的特点见表 1.10。

表 1.10 早期茶馆的特点

种类	特点
大茶馆	多功能饮茶场所,布置考究,集饮茶、饮食、社交、娱乐于一体
清茶馆	专卖清茶,以饮茶为主要目的
棋茶馆	专供茶客下棋,以茶助兴
书茶馆	以听评书为主,以茶佐兴;茶与文学直接结合,雅俗共赏
野茶馆	设于野外,环境幽僻,风景秀丽,便于人们品茶叙雅
茶棚、茶亭	设于公园、凉亭,具季节性,便于人们暂时休憩,增添生活情趣

二、现代茶艺馆

茶馆、茶艺馆是中国茶文化的产物,现代茶艺馆适应社会、经济和文化的发展而兴起,是中国古代茶馆文化的延伸。茶艺馆与过去各种茶馆的最大区别在于把饮茶从日常生活的一部分拓展成富有文化韵味的品饮艺术,是人们追求中国传统文化的反映。现代茶馆的特点,见表 1.11。

表 1.11 现代茶艺馆的特点

类型	特点
艺术性	环境设计以清丽、幽雅、柔和、宁静为主题
传承性	继承中国茶文化精神,提倡茶德,修身养性,强调举止文明、格调高雅
多元性	适合多层次需要,提供各种茶叶,茶具配器齐全
灵活性	不仅提供茶饮,兼营销售茶具、茶叶、茶书,代客养壶,寄存茶叶
文化性	举办茶艺讲座、教学、培训茶艺人员等,彰显文化特色

从茶馆到茶艺馆是一种演进，随着经济、文化的发展，现代茶艺馆大致分为以下几类，其表现类型见表1.12。

表1.12　现代茶艺馆的类型

类型	特点
文化型	综合文学、艺术等功能，以创造文化、发扬文化为经营理念，经常举办茶文化讲座，兼营销售字画、艺术品、书籍等，文化气息浓厚
商业型	以文化为包装，以营利为内核；经营茶叶、茶具及饮品
混合型	以品茗为主，兼营酒类、餐点，类似茶餐厅
个性型	彰显经营者的理念与个性特点，经营形式因人而异，独具特色
流行型	缺乏茶艺素养，经营茶饮，但以贩卖茶叶、茶具为主，产品紧跟市场潮流

【实践园】

以小组为单位，选择一种茶艺馆的类型，以茶艺馆内部布置为主题，设计一份方案。

【知识拓展】

清代茶馆

茶馆的真正鼎盛时期是清朝的“康乾盛世”。清代茶馆数量多，种类、功能齐全。当时杭州城已有大小茶馆800多家。在太仓的璜泾镇，全镇居民只有数千家，而茶馆就有数百家。

以卖茶为主的茶馆被北京人称为清茶馆，环境优美，布置雅致，茶、水优良，字画、盆景点缀其间。文人雅士多来此静心品茗、倾心谈天，也有商人常来此地洽谈生意。此类茶馆常设于景色宜人之处，没有城市的喧闹嘈杂。

清代盛行的宫廷茶饮，自有皇室的气派与茶规。除日常饮茶外，清代还曾举行过四次规模盛大的“千叟宴”。乾隆皇帝还于皇宫禁苑的圆明园内建了一所皇家茶馆——同乐园茶馆，寓意与民同乐。清代戏曲繁盛，茶馆与戏园同为民众常去的地方，好事者将茶园、戏园合二为一，所以旧时的戏园往往又称茶园。后世的“戏园”“戏馆”之名即出自“茶园”“茶馆”。

【思考与实践】

1. 根据环境与布局，现代茶艺馆可分为哪几种？
2. 茶艺馆在布置方面有哪些要求？
3. 茶艺馆的工作分哪些岗位，人员有哪些职责？

任务四 以礼待客

【茶诗】

武夷高处是蓬莱，采取灵芽余自栽。
地僻芳菲镇长在，谷寒蜂蝶未全来。
红裳似欲留人醉，锦障何妨为客开。
咀罢醒心何处所，近山重叠翠成堆。

——宋·朱熹《咏武夷茶》

【学习目标】

能运用相关的礼仪知识接待宾客。

【前置任务】

①以小组为单位，收集以茶待客的相关礼仪知识，如站姿、行姿、坐姿，习茶、泡茶基本手法等，归纳知识要点，完成以下报告表，以书面形式汇报。

②以小组为单位练习各种姿势，以实操形式展示学习成果。

以茶待客的基本礼仪知识资料报告表

活动时间：	
组内成员：	组长：
资料收集方式：	
任务分工情况：	
报告内容：	

报告小组：

③以小组为单位，研讨男女习茶基本手法异同，完成以下报告表。

习茶基本手法研究报告表

活动时间：	
组内成员：	组长：
资料收集方式：	
任务分工情况：	
报告内容：	

报告小组：

【相关知识】

一、茶艺人员仪容仪表的基本要求

仪表指人的外表,包括服装、形体容貌、修饰(化妆、装饰品)、发型、卫生习惯等。仪表体现了茶艺人员的生活情调、文化素质、修养程度、道德品质等内在修养。茶艺人员仪容仪表基本要求,见表1.13。

表1.13　茶艺人员仪容仪表的基本要求

仪表	原则	要点
服饰	得体和谐	与服务环境、身份、节气、身材协调,与茶具相匹配;以民族特色服装为基础,体现风雅的文化内涵和历史渊源,呈现茶道的端庄、典雅与稳重
发型	适合脸型、气质	给人以舒适、整洁、大方的感觉
面部	恬静素雅	妆容淡雅,肤色清新健康,表情平和放松,面带微笑
手型	优美	纤细、柔嫩,随时保持清洁、干净
饰品	得当相宜	根据年龄、性格、性别、相貌、肤色、发式、服装、体型及环境等合理选用,符合茶道的类型所体现的风格
举止	优雅	与客人的交流要文明、谦和;做茶动作富有韵律感

二、茶艺人员的服务姿态

茶艺服务人员的行茶礼仪动作含蓄、温雅、谦逊、诚挚,基本要求是:站姿笔直、走相自如、坐姿端正、自然放松、调息静气、目光祥和、表情自信、面带微笑、待人谦和、行礼轻柔和表达清晰。男女服务人员的姿态既有相同之处,也有不同之处,茶艺人员的服务姿态见表1.14。

表1.14　茶艺人员的服务姿态

<table>
<tr><th colspan="2">基本姿态</th><th>相同点</th><th>不同点</th><th>备注</th></tr>
<tr><td rowspan="2">站姿</td><td>男</td><td rowspan="2">身体直立站好,取重心于两脚之间,挺胸、收腹、梗颈,双肩平正,头虚顶,腋似夹球,自然放松</td><td>正面看,脚跟相靠,脚尖分开,呈45°~60°;手指自然伸直、并拢,或右手贴于腹部,双目平视前方</td><td>见图1.1</td></tr>
<tr><td>女</td><td>双脚并拢,手指自然伸直,右手张开虎口略微握在左手上,贴于腹前</td><td>见图1.2</td></tr>
</table>

续表

<table>
<tr><th colspan="2">基本姿态</th><th>相同点</th><th>不同点</th><th>备注</th></tr>
<tr><td rowspan="2">行姿</td><td>男</td><td rowspan="2">上身正直,目光平视,面带微笑;颈直、肩平放松;行走时身体重心稍向前倾,腹部和臀部向上提,由大腿带动小腿向前迈进,步幅适中,行走路线为直线</td><td>双手自然垂直,呈半握拳状;手臂自然前后摆动,步幅间距为 20 ~ 30 厘米</td><td>见图 1.3</td></tr>
<tr><td>女</td><td>双手放于腹前不动;或放下双手,手臂自然前后摆动,手指自然弯曲,自然迈步</td><td>见图 1.4</td></tr>
<tr><td>坐姿</td><td colspan="3">头正肩平,双腿并拢;脚尖朝正前方,不操作时,双手平放在操作台上,指尖朝正前方;面部表情轻松愉悦</td><td>见图 1.5</td></tr>
<tr><td>伸手礼</td><td colspan="3">手指自然并拢,手心向胸前,左手或右手从胸前自然向左或向右前伸,随之手心向上,同时讲“请”“谢谢”“请观赏”等。伸手礼主要用在介绍茶具、茶叶质量、赏茶和请客人传递茶杯或其他物品时</td><td>见图 1.6</td></tr>
</table>

图 1.1　站姿

图 1.2　站姿

图 1.3　行姿

图 1.4　行姿

图 1.5　坐姿

图 1.6　伸手礼

三、基本手法

基本要求:规范适度,优雅含蓄,彬彬有礼,动作优美。男士大方庄重、刚中带柔;女士温婉细腻、柔中有刚。习茶基本手法见表1.15。

表1.15　习茶基本手法

基本动作	动作要领	动作对象	备注
取用器物	捧取法:搭于前胸或前方桌沿的双手慢慢向两侧平移至肩宽,向前合抱欲取的物件,双手掌心相对捧住基部移至安放位置,轻轻放下后双手收回,再捧取第二件物品,直至动作完毕复位	茶样罐、匙箸筒、花瓶立式物	见图1.7
	端取法双手伸出及收回动作同前。端物件时双手手心向上,掌心下凹呈"荷叶"状,平稳移动物件	赏茶盘、茶巾盘、扁形茶荷、茶匙、茶点、茶杯	见图1.8
持壶	男士右手大拇指按住盖钮,其余四指勾握壶把	紫砂壶	见图1.9
	女士右手拇指与中指勾住壶把,无名指与小拇指并列抵住中指,食指前伸呈弓形压住壶盖的盖钮或其基部,无名指与小拇指微弯,呈兰花指状		见图1.10
握杯	右手虎口分开,大拇指、中指握杯两侧,无名指抵住杯底,食指及小指则自然弯曲,称"三龙护鼎法";女士可以将食指与小指微外翘,呈兰花指状,左手指尖必须托住杯底	品茗杯	见图1.11
端盖碗	右手虎口分开,大拇指与中指扣在杯身两侧,食指屈伸按住盖钮下凹处,无名指及小指自然搭扶碗壁;女士应双手将盖碗连杯托端起,置于右手拳心后如前握杯,无名指及小指可微外翘起做兰花指状	盖碗	见图1.12

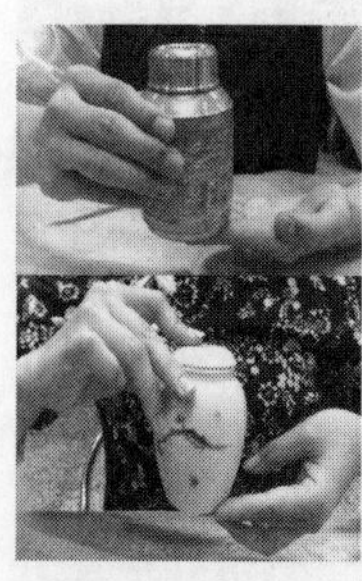
图1.7　捧茶罐

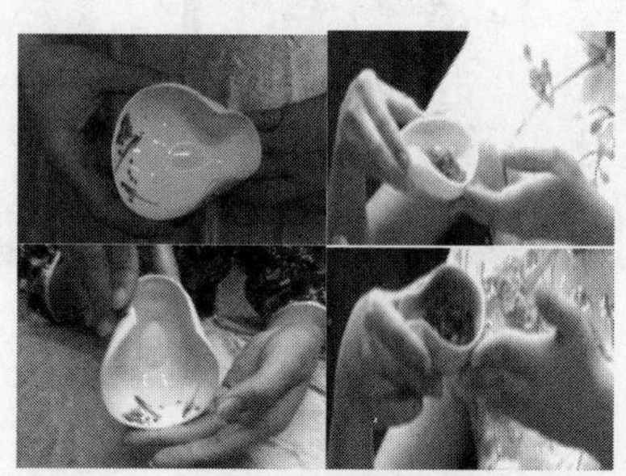
图1.8　端茶荷

图1.9　持壶(男)

图 1.10　持壶(女)

图 1.11　握杯

图 1.12　端盖碗

【实践园】

1. 在不同场合,茶艺服务的内容有哪些异同之处？以小组为单位,创设会议接待、餐厅、客房、酒店内独立茶室接待服务情景,为客人提供茶饮服务。

2. 以小组为单位,训练茶艺服务基本姿态及习茶基本手法。

【知识拓展】

茶道礼仪小知识

我国是茶的故乡。“客来敬茶”是重情好客的传统美德与礼节。直到现在,宾客至家,总要沏上一杯香茗,正如现代诗人陈志岁《客来》云:“客来正月九,庭迸鹅黄柳。对坐细论文,烹茶香胜酒。”喜庆活动,也喜用茶点招待宾客,既简便经济,又典雅庄重。所谓“君子之交淡如水”,也指清香宜人的茶水。

此外,还有以茶代礼的风俗。南宋都城杭州,每逢立夏,家家各烹新茶,并配以各色细果,馈送亲友毗邻,叫作“七家茶”,就是在茶杯内放两颗“青果”(橄榄或金橘),表示新春吉祥如意。

茶礼还是我国古代婚礼中一种隆重的礼节。古人以为茶树只能从种子萌芽成株,不能移植,否则就会枯死,因此把茶看成一种至死不渝的象征。因而,民间男女订婚以茶为礼,女方接受男方聘礼,叫“下茶”或“茶定”,有的叫“受茶”,并有谚语“一家不吃两家茶”。同时,还把整个婚姻的礼仪总称为“三茶六礼”。“三茶”就是订婚时的“下茶”、结婚时的“定茶”、同房时的“合茶”。“下茶”又有“男茶女酒”之称,即订婚时,男方除送如意、押贴外,还要送盛有香茗的锡茶美瓶;女方除还顶戴、押贴外,还要回送绍兴酒。婚礼时,还要行三道茶仪式。三道茶者,第一杯是百果,第二杯是莲子、枣儿,第三杯方是茶。在饮的方式上,接杯之后,双手捧之,深深作揖,然后一触嘴唇,即由家人收去。第二道亦如此。第三道作揖后才可饮,这是最尊敬的礼仪。这些繁俗现在当然没有了,但婚礼的敬茶之礼,仍沿用成习。

【思考与实践】

1. 如何做一名合格的茶艺师？

2. 在品茗活动中,应注意哪些事项？

项目二　茶事准备

活水还须活火烹，自临钓石取深清。
大瓢贮月归春瓮，小杓分江入夜瓶。
雪乳已翻煎处脚，松风忽作泻时声。
枯肠未易禁三碗，坐听荒城长短更。

——宋·苏轼《汲江煎茶》

学习目标

①认识水质的类型，选择适宜的水质、水温泡茶；

②认识茶叶的类型，了解六大茶类的品质特性，并熟知中国十大名茶；

③认识茶具的类型，能根据茶叶的特性选择适宜的冲泡器具，并布置茶桌。

任务一　备　水

【茶诗】

坐酌泠泠水，看煎瑟瑟尘。
无由持一碗，寄与爱茶人。

——唐·白居易《山泉煎茶有怀》

【学习目标】

认识水质的类型，区分水质优劣；根据现有条件，选择适宜的水质泡茶；根据不同茶类，选择适宜水温泡茶。

【前置任务】

①请以小组为单位，通过各种途径，收集日常用水（如自来水、纯净水、蒸馏水、山泉水、江水、井水、雨水、雪水等）的资料，分析其特点，归纳总结出适宜泡茶的水质，完成以下报告表。

日常用水资料报告表

活动时间：			
组内成员：			组长：
资料收集方式：			
任务分工情况：			
序号	水样	特点	是否适宜泡茶
1	自来水		
2	纯净水		
3	蒸馏水		
4	山泉水		
5	江水		
6	井水		
7	雨水		
8	雪水		
9	其他		
报告结论：			

报告小组：

②请以小组为单位，通过各种途径，收集泡茶适宜水温的资料，结合六大茶类的茶性特点，分析归纳并总结出适宜泡茶的水温，完成以下报告表。

泡茶水温资料报告表

<table>
<tr><td colspan="3">活动时间：</td></tr>
<tr><td colspan="2">组内成员：</td><td>组长：</td></tr>
<tr><td colspan="3">资料收集方式：</td></tr>
<tr><td colspan="3">任务分工情况：</td></tr>
<tr><td>序号</td><td>茶类</td><td>适宜水温</td></tr>
<tr><td>1</td><td>绿茶</td><td></td></tr>
<tr><td>2</td><td>白茶</td><td></td></tr>
<tr><td>3</td><td>黄茶</td><td></td></tr>
<tr><td>4</td><td>乌龙茶</td><td></td></tr>
<tr><td>5</td><td>红茶</td><td></td></tr>
<tr><td>6</td><td>黑茶</td><td></td></tr>
<tr><td colspan="3">报告结论：</td></tr>
</table>

报告小组：

【相关知识】

俗话说“水为茶之母，器为茶之父”“龙井茶、虎跑水”被称为杭州“双绝”，如图 2.1 所示，“扬子江心水，蒙山顶上茶”是好茶配好水的诗句记载。

图 2.1　杭州虎跑泉

明代茶人张大复在《梅花草堂笔谈》（图 2.2）中将水对于茶的重要性分析得十分透彻，文中说道：“茶性必发于水，八分之茶，遇十分之水，茶亦十分矣；八分之水，试十分之茶，茶只八分耳。”足以见得，好茶配以好水，才能发挥茶性。

图 2.2　明·张大复《梅花草堂笔谈》

一、宜茶之水

宋徽宗赵佶是最早提出泡茶用水标准的人，他在《大观茶论》中写道："水以清、轻、甘、冽为美。轻甘乃水之自然，独为难得。"

后人在"清、轻、甘、冽"的基础上，又增加了一个"活"字，即"清、轻、甘、冽、活"5 项标准，这 5 项标准分别如下：

①水质清。"清"即无色、无味、清澈透明、无杂质、无沉淀物，最能表现茶的本色。

②水体轻。"轻"指水的硬度低，其中溶解的矿物质少，所含杂质少。硬水中含有较多矿物质，其中 Ca^{2+}、Mg^{2+} 含量每升高于 8 毫克，不利于呈现茶汤的色香味，硬水所泡出来的茶汤有明显的苦涩味，而相对来说，软水泡茶水溶性物质溶解较多，滋味更加浓厚，色香味俱佳，所以泡茶宜选水体较轻的软水。

③水味甘。"甘"即水入口后顷刻便会有甘甜的感受，甘味之水在口腔中有甜爽的回味，用这样的水泡茶能增添茶之美味。

④水温冽。"冽"即冷寒，古人就曾说"泉不难于清，而难于寒""冽则茶味独全"，原因是寒冽之水多出于地层深处的泉脉，所受污染少，口感清凉，泡出的茶汤滋味纯正清凉。

⑤水源活。泡茶用水的细菌、真菌等微生物指标必须符合饮用水的卫生标准，流动的活水具有自然净化作用，不易滋生细菌，而且活水所溶解的氧气和二氧化碳等气体的含量较高，用活水泡出的茶汤尤为鲜爽可口。

在选择泡茶用水方面，唐代陆羽在《茶经》中提出对用水选择的见解："其水，用山水上，江水中，井水下。其山水，拣乳泉石池漫流者上，其瀑涌湍漱勿食之。"宋徽宗赵佶的《大观茶论》中写道："但当取山泉之清洁者，其次，则井水之常汲者为可用；若江河之水，则鱼鳖之腥，泥泞之汙，虽轻甘无取。"古人泡茶大多选用天然的活水，如山泉水、雨水、雪水、江水、湖水、井水等，如图 2.3 所示。

图 2.3 山泉水

对于生活在现代社会的我们来说，在泡茶时可选择以下几种水，见表 2.1。

表 2.1 泡茶用水对比表

序号	水样	水质特性	注意事项
1	山泉水	山泉水大多径流自岩石重叠的山峦之间，山上自然生态好，植被繁茂，经过砂石自然过滤，水质清净晶莹，从山岩细流汇集而成的山泉，富含二氧化碳和各种对人体有益的微量元素，能使茶的色香味形都得以最大限度地发挥	①山泉水不宜存放太久，最好在新鲜时饮用； ②山泉水的水源应来自天然无污染的山区，否则水质极易受周边环境有害物质的影响，泡茶效果则适得其反； ③不是所有的山泉水都适宜泡茶，要根据水质情况而定
2	矿泉水	目前市面上矿泉水的种类较多，矿泉水因含有人体所需矿物质而被广为饮用，但是否适合泡茶不能一概而论。从地下深处自然涌出的或经人工开发的、未受污染的地下矿泉水，多为宜茶之水	如果矿泉水含钙、镁、钠等金属离子较多，是永久性硬水，则不宜泡茶
3	纯净水、蒸馏水	纯净水和蒸馏水是人工制造出来的纯水，采用多层过滤和超滤、反渗透等技术，不含任何杂质，并且酸碱度达到中性，用这种水泡茶，净度好、透明度高，茶汤透澈，香气滋味纯正	①此类水水质虽然纯正，但含氧量少，缺乏活性，所泡出来的茶汤滋味略失鲜活，不利于色香味充分展现； ②纯净水和蒸馏水缺乏人体所需矿物质，不建议长期饮用
4	雪水、雨水	雨水和雪水被古人称为“天泉”，属于软水，特别受古人推崇。唐代白居易、宋代辛弃疾、元代谢宗可、清代曹雪芹等都曾赞美雪水泡茶。雨水要因时而异，一年四季中，秋雨因秋高气爽，大气中灰尘少，是雨水中的上品	①现代环境污染严重，雨水和雪水中往往含有大量有毒有害物质，饮用后有致病风险； ②只有出自完全未经污染、自然环境极佳的地方的雨水和雪水，才是泡茶的好水。一般而言，我们能接触到的雨水和雪水，大多不适宜泡茶

续表

序号	水样	水质特性	注意事项
5	井水	井水是地下水，悬浮物含量低，透明度较高，但极易受周边环境影响，是否适宜泡茶不能一概而论。总体而言，深层地下的井水，因有耐水层保护，污染少，水质相对洁净，而浅层的地下水容易被地面污染，水质较差，总的来说深井水比浅井水要好	使用井水前，须考察周边环境，一般而言，城市井水受污染多，并且多为碱性，有损茶味，不宜泡茶
6	自来水	自来水是日常生活中最容易获取的一类水，自来水多含残留的氯气，并且水管中滞留较久的自来水还含有较多铁质，容易导致茶汤颜色氧化变暗，使滋味变苦涩，破坏茶汤质量	①如果用自来水沏茶，可以先储存数小时，待氯气散发后煮沸沏茶，可降低对茶汤质量的影响； ②采用净水设备等处理过的自来水，也可用于沏茶

二、泡茶水温

泡茶的水温是泡茶三要素之一，对于茶叶的色香味展现尤为关键，要根据所泡的茶类调整，做到“看茶泡茶”。绿茶和黄茶类相对细嫩，乌龙茶类原料中等成熟度，黑茶类原料相对粗老，紧压茶多。

一般而言，粗老、紧实、含梗含叶量多的茶叶所需的水温要比细嫩、松散的茶叶水温高。泡茶时水温过高会导致细嫩的芽叶被泡熟，茶汤泛黄、叶底变暗；而水温过低会导致茶汤水浸出物少，茶叶浮在汤面，有效成分很难析出，香气滋味散发不完全。水温越高，溶解度越大，茶汤滋味越浓；反之，水温越低，溶解度越小，茶汤就越淡，一般水温在 60 ℃时浸出量只相当于 100 ℃时浸出量的 45% ~65%。日常泡茶所用水温，见表 2. 2。

表 2.2　泡茶水温汇总表

茶类	冲泡水温
绿茶	总体而言，水温在 80 ℃左右为宜，如果是细嫩的名茶，一般水温为 75 ~ 80 ℃，如果是大宗绿茶，水温则为 80 ~ 90 ℃
黄茶	总体而言，水温在 80 ℃左右为宜，如果是细嫩的黄芽茶，一般水温为 75 ~ 80 ℃，如果是黄大茶，水温则为 80 ~ 90 ℃
白茶	总体而言，水温在 80 ℃左右为宜，如果是细嫩的芽茶，一般水温为 75 ~ 80 ℃，如果是叶茶，水温则为 95 ℃以上
乌龙茶	总体而言，水温在 95 ℃以上为宜
红茶	总体而言，水温在 90 ℃左右为宜，如果是细嫩的名茶，一般水温为 85 ~ 90 ℃
黑茶	总体而言，水温 95 ℃以上为宜，粗老的茶品也可用沸水熬煮

【实践园】

请以小组为单位，分工合作，选择日常生活中最常见的自来水、矿泉水、纯净水冲泡茶汤，比较三者的不同之处，并进行记录和汇报。

活动时间：			
组内成员：			组长：
任务分工情况：			
茶汤质量	茶汤颜色	茶汤香气	茶汤滋味
自来水冲泡的茶汤			
矿泉水冲泡的茶汤			
山泉水冲泡的茶汤			
报告结论：			

【知识拓展】

茶水比例

泡一壶好茶，首先要掌握茶叶用量。每次茶叶用多少，并没有统一的标准，主要根据茶叶种类、茶具大小以及消费者的饮用习惯而定。

茶类不同，用量各异。如冲泡一般红、绿茶，茶与水的比例，大致为1：(50～60)，即每杯放干茶3克左右，加入沸水150～200毫升。如饮用普洱茶，每杯放干茶5～10克。如用茶壶，则按容量大小适当掌握。投茶量最多的是乌龙茶，如大红袍和凤凰单丛茶，每次投茶量几乎为茶壶容积的二分之一，甚至更多。

投茶量多少与消费者的饮用习惯也有密切关系。在西藏、新疆、青海和内蒙古等少数民族地区，人们以肉食为主，当地又缺少蔬菜，因此茶叶成为生理上的必需品。他们普遍喜饮浓茶，并在茶中加糖、加乳或加盐，故每次茶叶用量较大。

华北和东北地区人民喜饮花茶，通常用较大的茶壶泡茶，茶叶用量较小。长江中下游地区的消费者主要饮用绿茶或龙井、毛峰等名优茶，一般用较小的瓷杯或玻璃杯，每次用量也不大。福建、广东、台湾等地，人们喜饮工夫茶，茶具虽小，但用茶量较大。

茶叶用量与消费者的年龄结构和饮茶习惯有关。中、老年人往往饮茶年限长，喜喝较浓的茶，故用量较大；年轻人多为初学者，普遍喜喝较淡的茶，故用量宜小。

（资料来源：百度百科）

【思考与实践】

1. 请根据所学知识，思考和分析江水、湖水、河水是否适宜泡茶。

2. 在泡茶实践中，如何把握泡茶的水温？

任务二　备　茶

【茶诗】

闲中一盏建溪茶。香嫩雨前芽。
砖炉最宜石铫，装点野人家。
三昧手，不须夸。满瓯花。
睡魔何处，两腋清风，兴满烟霞。

——宋·张抡《诉衷情·闲中一盏建溪茶》

【学习目标】

根据茶叶的制作工艺，理解茶叶分类的依据，认识茶叶的类型。看外形、闻香气、观汤色、尝滋味、看叶底，探究六大茶类的品质特性，并了解中国十大名茶的品质特征，学会冲泡不同类型的茶叶。

【前置任务】

①请以小组为单位，通过各种途径，收集茶叶分类的资料，完成以下报告表。

茶叶分类资料报告表

<table>
<tr><td colspan="4">活动时间：</td></tr>
<tr><td colspan="3">组内成员：</td><td>组长：</td></tr>
<tr><td colspan="4">资料收集方式：</td></tr>
<tr><td colspan="4">任务分工情况：</td></tr>
<tr><td>序号</td><td>茶类</td><td>制作工艺</td><td>代表的茶叶</td></tr>
<tr><td>1</td><td></td><td></td><td></td></tr>
<tr><td>2</td><td></td><td></td><td></td></tr>
<tr><td>3</td><td></td><td></td><td></td></tr>
<tr><td>4</td><td></td><td></td><td></td></tr>
<tr><td>5</td><td></td><td></td><td></td></tr>
<tr><td>6</td><td></td><td></td><td></td></tr>
<tr><td colspan="4">报告结论：</td></tr>
</table>

报告小组：

②请以小组为单位，通过各种途径收集中国十大名茶的资料，找出中国的十大名茶，完成以下报告表。

十大名茶报告表

活动时间：	
组内成员：	组长：
资料收集方式：	
任务分工情况：	
中国十大名茶：	

报告小组：

【相关知识】

一、茶树的认识

茶是世界上公认的保健饮品，茶叶、可可、咖啡被称为世界三大无酒精饮料。随着茶叶饮用不断普及，人们对茶叶的认识也逐渐深入。

现今被广为饮用的茶，本是茶树的叶子，历史上，人们对茶树的认识，起初都是形象化的描述，如唐代陆羽在《茶经》（一之源）中写道："茶者，南方之嘉木也……其树如瓜芦，叶如栀子，花如白蔷薇，实如栟榈，蒂如丁香，根如胡桃。"这里记载了茶树的树形像瓜芦，叶形像栀子，花像白蔷薇，种子像棕榈，果柄像丁香，根像胡桃。

随着科学进步，人们对茶树有了更科学的植物学性状的认识。在植物分类系统中，茶树属于山茶科山茶属，茶树的拉丁文学名为 Camellia sinensis（L.）O. kuntze。由于分支部位的不同，茶树可分为乔木、小乔木、灌木 3 种，如图 2.4 所示。乔木型茶树自然生长状态

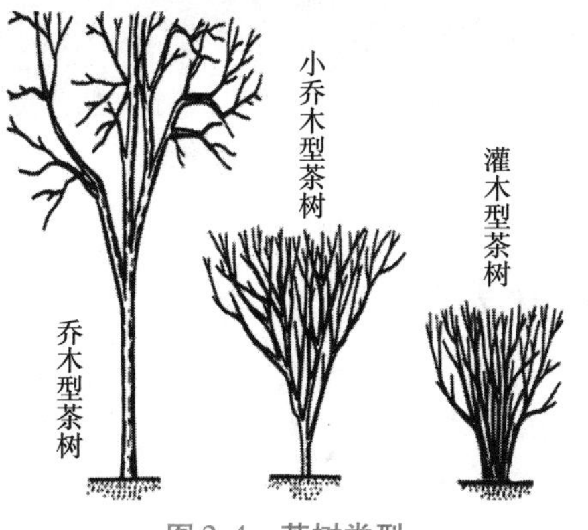

图 2.4　茶树类型

下有明显主干，分枝部位高，根系发达，通常树高为 3 ~5 米。灌木型茶树自然生长状态下无明显主干，分枝较密，多接近地面，树冠矮小，通常树高 1.5 ~3 米。小乔木型茶树的树高和分枝介于灌木和乔木之间。

茶树按叶片面积的大小分为特大叶种、大叶种、中叶种、小叶种，如图 2.5 所示。

(a)特大叶种　(b)大叶种　(c)中叶种　(d)小叶种

图 2.5　茶树叶片面积分类

茶树由营养器官和生殖器官组成，营养器官有根、茎、叶，生殖器官有花、果、种，其中，叶是主要的采收对象，是制作茶叶的主要原料。茶树喜光耐阴，喜温暖湿润的环境，最适宜的生长温度为 18 ~25 ℃，在小于 10 ℃或大于 35 ℃时茶树会停止生长。茶树适宜在土质疏松、土层深厚、排水透气良好的微酸性土壤中生长，如红壤、黄红壤、黄棕壤、褐色土等，最佳土壤酸碱度（pH 值）为 4.5 ~5.5，如图 2.6 所示。茶树生长种植地区较为广泛，在南纬 45° ~北纬 38°都可以被种植。

图 2.6　茶树生长的土壤

二、茶叶的制作和分类

在发现和利用茶叶的最初，人类直接生吃茶叶或熬煮喝汤，继煮汤之后，人类学会把剩余的茶叶晒干储存，然后发展到把茶叶制成茶饼烘干。

团饼茶曾在唐宋时期风靡至极，宋代的龙团凤饼贡茶是制作团饼茶技艺的巅峰，随着明代散叶茶冲泡的盛行，茶叶的制作方法也由晒茶、蒸茶逐渐发展为炒茶，各种加工工艺制

作出了种类丰富的茶叶。

茶树上采摘下来的嫩叶被称为“茶青”，也就是鲜叶。让鲜叶散失一部分水分，称为“萎凋”。用高温将茶青炒熟或者蒸熟以便停止发酵，这个过程叫“杀青”。“揉捻”是指把叶细胞揉破，塑造外形。茶青与空气接触后发生氧化作用，叶子逐渐变红，称为“发酵”。“做青”是指将茶青振动摩擦，细胞破损，氧化发酵，形成绿叶红边。“闷黄”指控制揉捻后的鲜叶的温湿度，使其在湿热条件下自然发酵。“渥堆”是指控制茶叶的温湿度，使其在湿热、微生物等条件下快速发酵。“干燥”的目的是将茶叶外形固定，使其利于保存。经过这些步骤制作出来的茶叶就是初制茶，又称“毛茶”。茶叶制作工艺如图 2.7 所示。

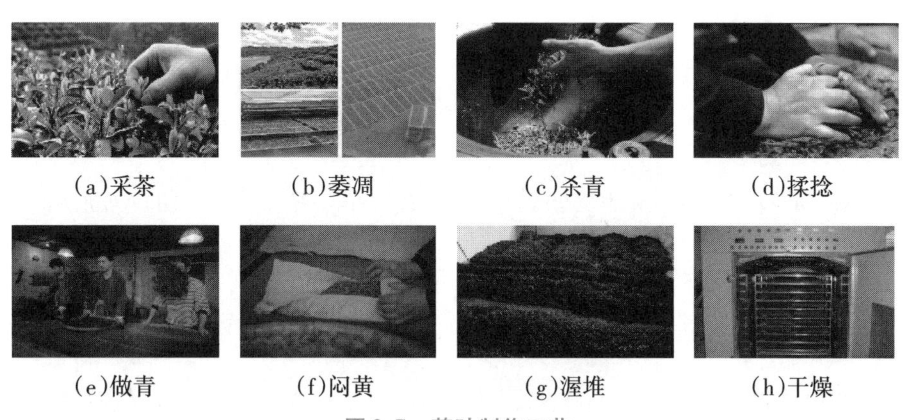

(a)采茶　(b)萎凋　(c)杀青　(d)揉捻

(e)做青　(f)闷黄　(g)渥堆　(h)干燥

图 2.7　茶叶制作工艺

茶叶根据加工工艺和发酵程度大致分为不发酵茶、微发酵茶、半发酵茶、全发酵茶和后发酵茶。茶学界以初制工艺与多酚类物质的氧化程度为依据，将茶叶分为六大基础茶类和再加工茶类，基础茶类包括绿茶、白茶、黄茶、乌龙茶、红茶、黑茶，再加工茶包括花茶、紧压茶、含茶饮料等。六大基础茶类的发酵程度与大致的制作工艺见表 2.3。

表 2.3　六大基础茶类的发酵程度与大致的制作工艺

序号	茶类	发酵程度	制作工艺
1	绿茶	不发酵	鲜叶→杀青→揉捻→干燥→毛茶
2	白茶	轻微发酵	鲜叶→萎凋→干燥→毛茶
3	黄茶	微发酵	鲜叶→杀青→揉捻→闷黄→干燥→毛茶
4	乌龙茶	半发酵	鲜叶→萎凋→做青→杀青→揉捻→干燥→毛茶
5	红茶	全发酵	鲜叶→萎凋→揉捻→发酵→干燥→毛茶
6	黑茶	后发酵	鲜叶→杀青→揉捻→渥堆→干燥→毛茶

(一)绿茶

绿茶是经过杀青、揉捻、干燥等工艺制成的茶叶，是我国产量最大的茶类，以江苏、浙江、安徽、四川、江西、贵州等地产量较大。绿茶为不发酵茶，其干茶和冲泡后色泽呈现“清汤绿叶”的优美品相。中国绿茶种类繁多，品质优异，造型独特，具有较高的艺术欣赏价值。

绿茶是用高温的方法将茶叶的活性酶杀死的茶，保留了原有的色香味，茶多酚、叶绿素、维生素等损失较小，也因此形成了绿茶“清汤绿叶、收敛性强”的品质特点。科学研究结果表明，绿茶中保留的天然物质成分，对防衰老、防癌、抗癌、杀菌、消炎等均有特殊保健功效，为其他茶类所不及，更适合年轻人、电脑工作人员、吸烟饮酒人群等饮用。

绿茶的主要代表有西湖龙井、洞庭碧螺春、黄山毛峰、六安瓜片、太平猴魁、信阳毛尖、庐山云雾、竹叶青、安吉白茶、都匀毛尖、恩施玉露、蒙顶甘露、开化龙顶、白沙绿茶等，常见绿茶如图 2.8 所示。

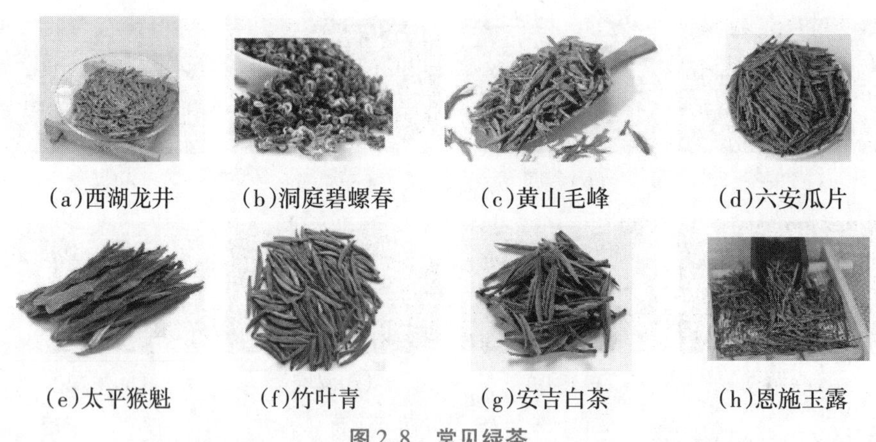

(a)西湖龙井　(b)洞庭碧螺春　(c)黄山毛峰　(d)六安瓜片

(e)太平猴魁　(f)竹叶青　(g)安吉白茶　(h)恩施玉露

图 2.8　常见绿茶

(二)白茶

白茶是经过萎凋、干燥等工艺制成的茶叶，主要产于福建的福鼎、政和、松溪、建阳等地。白茶是我国的特产，属于轻微发酵茶，它的主要特点是毫色银白，素有“银装素裹”之美誉，且芽头肥壮，汤色杏黄明亮，滋味鲜醇可口。

白茶中，天然的抗氧化剂茶多酚的含量较高，可以起到提高免疫力和保护心血管等作用。并且随着时间的陈化，有良好保健作用的黄酮类物质在一定程度上逐渐增多，因此人们称白茶为“一年茶，三年药，七年宝”。白茶属凉性茶，研究表明，白茶具有较好的退热、祛暑、解毒等功效。

白茶的代表茶类主要有白毫银针、白牡丹、贡眉、寿眉、云南月光白、韶关白茶等，如图 2.9 所示。

(a)白毫银针　(b)白牡丹　(c)贡眉　(d)寿眉　(e)云南月光白　(f)韶关白茶

图 2.9　常见白茶

(三)黄茶

黄茶是经过杀青、揉捻、闷黄、干燥等工艺制成的茶叶,它的工艺与绿茶相似,不同点在于多了一道闷黄工序,茶叶在湿热的条件下轻微发酵,形成"黄汤黄叶"的品质特点。黄茶是中国的特有茶类,自唐代蒙顶黄芽被列为贡品,历代都有生产,主要产于四川雅安、湖南岳阳、安徽蒙顶、浙江湖州和温州等地。

按鲜叶的嫩度和芽叶大小,黄茶分为黄芽茶(由单芽或一芽一叶制成)、黄小茶(由一芽一二叶制成)和黄大茶(由一芽二三叶或一芽四五叶制成)3 类。

黄茶的主要代表茶类有君山银针、蒙顶黄芽、霍山黄芽、莫干黄芽、平阳黄汤、远安黄茶、北港毛尖、沩山毛尖、广东大叶青等,如图 2. 10 所示。

(a)君山银针 (b)蒙顶黄芽 (c)霍山黄芽 (d)远安黄茶

图 2. 10 常见黄茶

(四)乌龙茶

乌龙茶也称青茶,是经过萎凋、做青、杀青、揉捻、干燥等工艺制成的茶叶,主要产于福建、广东、台湾等地。乌龙茶是中国特有的茶类,属于半发酵茶,介于绿茶和红茶之间,既有绿茶的清香,又有红茶的鲜浓味。它的主要特点是花香高长、滋味浓醇回甘、叶片呈现"绿叶红镶边"。乌龙茶的降脂减肥功效较好,在日本被称为"美容茶""健美茶"。

乌龙茶主要分为闽北乌龙、闽南乌龙、广东乌龙、台湾乌龙,主要代表茶类有大红袍、铁罗汉、白鸡冠、水金龟、铁观音、黄金桂、本山、毛蟹、凤凰单丛、岭头单丛、冻顶乌龙、东方美人、文山包种等,如图 2. 11 所示。

(a)大红袍

(b)铁观音

(c)凤凰单丛

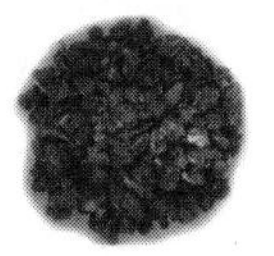

(d)冻顶乌龙

(e)东方美人

图 2. 11 常见乌龙茶

(五)红茶

红茶是经过萎凋、揉捻、发酵、干燥等工艺制成的茶叶,中国、印度、肯尼亚、斯里兰卡是世界四大红茶产地,我国红茶主要产自福建、安徽、广东、云南、江西等地,其中福建的正山小种是红茶鼻祖。中国祁门红茶、印度大吉岭红茶、锡兰乌沃红茶被誉为"世界三大高香红茶",如图 2. 12 所示。

(a)中国祁门红茶

(b)印度大吉岭红茶

(c)锡兰乌沃红茶

图 2. 12 世界三大高香红茶

红茶属于全发酵茶,滋味甜醇,具有"红汤红叶"的品质特点。红茶种类繁多,产地较广,饮用最为广泛,红茶茶性温和,暖胃养胃,适合饭前、空腹及日常饮用,更适合冬季、肠胃虚弱的人群和女性饮用。

我国红茶分为小种红茶、工夫红茶、红碎茶 3 类,主要代表茶类有正山小种、金骏眉、银骏眉、祁门红茶、滇红、英红九号、宜红、川红、宁红龙须茶、闽红三大工夫红茶(政和工夫、坦洋工夫、白琳工夫)等,如图 2. 13 所示。

(a)正山小种 (b)金骏眉 (c)祁门红茶 (d)英红九号

(e)宁红龙须茶 (f)政和工夫 (g)红碎茶

图 2. 13 常见红茶

(六)黑茶

黑茶是经过杀青、揉捻、渥堆、干燥等工艺制成的茶叶,主产于湖南、湖北、四川、云南、广西等地。黑茶是中国特有的茶类,属于后发酵茶,生产历史悠久,多制成紧压茶销往边疆地区,因此被称为边销茶。

黑茶采摘原料相对粗老,叶形粗大、色泽黑褐、滋味陈醇,茶性相对温和,具有降脂减

肥、增强肠胃功能、提高免疫力、降血压、降血脂、降血糖等保健作用，更适宜冬季及肠胃虚弱的人群和中老年人饮用。

黑茶的主要代表茶类有湖南黑砖、花砖、茯砖、千两茶、云南普洱茶、湖北老青茶、广西六堡茶、四川边茶等，如图 2.14 所示。

(a)湖南黑砖

(b)云南普洱茶

(c)湖北老青茶

(d)广西六堡茶

(e)四川边茶

图 2.14　常见黑茶

(七)再加工茶

再加工茶包括花茶、紧压茶、含茶饮料等，以花茶为例，花茶又名“窨花茶”“香片”等，是将茶叶加花窨制而成的再加工茶。花茶集茶味与花香于一体，茶引花香，花增茶味，相得益彰。花茶保持了醇厚的茶味，香气鲜灵浓郁，具有明显的鲜花香。冲泡品饮，花香袭人，满口芬芳，令人心旷神怡。

花茶通常以窨的花种命名，如茉莉绿茶、桂花乌龙茶、玫瑰红茶、菊花普洱茶等，如图 2.15 所示。窨制茉莉绿茶的茶坯，主要是烘青绿茶及少量细嫩炒青绿茶，加工时，将茶坯与吐香的鲜花堆放在一起，使茶叶吸收花香，反复窨制多次，窨次越多，香气越高。茉莉绿茶不仅特别受我国华北和东北地区人民的喜爱，并且远销海外。

(a)茉莉绿茶

(b)桂花乌龙茶

(c)玫瑰红茶

(d)菊花普洱茶

图 2.15　常见花茶

三、中国十大名茶

中国茶叶历史悠久、种类繁多,中国的“十大名茶”也众说纷纭,各地对于十大名茶评选的结果也不尽相同,尽管人们对十大名茶的评定尚不统一,但综合各方面情况,茶叶必须在色、香、味、形各方面表现优异,有独特风味的茶方能称得上名茶。在1915年巴拿马万国博览会上,评选出的中国十大名茶,分别是西湖龙井、洞庭碧螺春、黄山毛峰、信阳毛尖、君山银针、武夷岩茶、祁门红茶、都匀毛尖、铁观音、六安瓜片。

(一)西湖龙井

西湖龙井是我国的第一名茶,它集中产于浙江省杭州西湖的狮峰山、梅家坞、云栖、虎跑、龙井等地。清朝乾隆皇帝甚爱西湖龙井,游览杭州西湖时,把狮峰山下胡公庙前的十八棵茶树封为“御茶”。西湖龙井扁平尖削挺秀,光滑匀齐,色泽翠绿或嫩绿,带蚕豆香和板栗香,清高持久,滋味鲜爽,汤色杏黄明亮,素以“色绿、香郁、味甘、形美”四绝著称。

(二)洞庭碧螺春

碧螺春是绿茶中的佼佼者,主要产于江苏省苏州太湖之滨,以江苏吴县洞庭东、西山所产为最。其干茶条索纤细,白毫隐绿,汤色碧翠,卷曲成螺,产于春季,故名“碧螺春”,人们称赞碧螺春“铜丝条,螺旋形,浑身毛”。洞庭山产茶历史悠久,当地民间最早叫洞庭茶,又叫吓煞人香,清代康熙皇帝视察时品尝了这种汤色碧绿、卷曲如螺的名茶,倍加赞赏,但觉得“吓煞人香”不雅,于是题名“碧螺春”。洞庭碧螺春产区茶、果间作,茶树和桃、李、杏、枇杷、杨梅、石榴等果木交错种植,使碧螺春具有花香果味的天然品质。

(三)黄山毛峰

黄山毛峰产于安徽省黄山(徽州)一带,所以又称徽茶,黄山茶区山高谷深,峰峦叠嶂,森林茂密,气候温和,空气湿润,土壤疏松,土层深厚,优越的生态环境为黄山毛峰创造了良好的生长条件。黄山毛峰形似雀舌,肥壮匀齐,色如象牙,叶金黄,香气清高,滋味鲜醇甘厚,汤色嫩绿明亮,叶底肥壮成朵。其中“黄片”和“象牙色”是特级毛峰的显著特征。

(四)信阳毛尖

信阳毛尖产于河南省信阳市,集中产于信阳市浉河区的车云山、集云山、云雾山、天云山、连云山、黑龙潭、白龙潭、何家寨,俗称“五云两潭一寨”。信阳山区的土壤,多为黄、黑砂土壤,深厚疏松,腐殖质含量较高,这里山势起伏多变,森林密布,植被丰富,雨量充沛,云雾弥漫,非常适宜茶树生长。所产的信阳毛尖具有细、圆、紧、光、直、多白毫,内质香高,汤绿味浓的独特风格。

（五）君山银针

君山银针属于黄茶，产于湖南省岳阳市洞庭湖君山岛，为历史名茶，因形细如针，故名君山银针。其成品茶芽头肥壮，长度均匀，茶芽内面呈金黄色，外层白毫显露，雅称“金镶玉”。冲泡时，芽基重心向下，上下游移，呈现“三起三落”的优美形态，最后竖立底部，似春笋竞发。

（六）武夷岩茶

武夷岩茶是乌龙茶的一种，产于福建省闽北“秀甲东南”的武夷山风景区一带，茶树生长在岩石土壤缝隙之中。武夷岩茶中的四大名枞分别是大红袍、铁罗汉、白鸡冠、水金龟，除此之外武夷岩茶还有水仙、肉桂、雀舌、奇兰、半天妖等。武夷岩茶外形叶端扭曲，色泽青褐油润，呈现“三节色”，香气花香馥郁持久，滋味浓醇回甘，具有明显的“岩骨花香”的品质特征，又称“岩韵”。

（七）祁门红茶

祁门红茶产于安徽省黄山市祁门县，茶叶原料为当地的中叶、中生种茶树“槠叶种”（又名祁门种）。祁门红茶是红茶中的极品，历来享有盛誉，是英国女王和王室的至爱饮品，高香美誉，香名远播，有“红茶皇后”“群芳最”之美誉，是世界三大红茶之一。祁门红茶外形细紧挺秀，色泽乌润有毫，香气带蜜糖香，滋味鲜甜醇厚，汤色红艳，叶底红匀明亮。

（八）都匀毛尖

都匀毛尖产于贵州省都匀市，为当地的苔茶良种，具有发芽早、芽叶肥壮、茸毛多、持嫩性强等特性，制成茶品内含成分丰富。1956 年，由毛泽东亲自命名，又名“白毛尖”“细毛尖”“鱼钩茶”。其外形条索紧结、纤细卷曲、披毫，汤色绿翠，香气清高，滋味鲜浓，叶底嫩绿匀整明亮。

（九）铁观音

铁观音产于福建省泉州市安溪县西坪镇。“铁观音”既是茶名，也是茶树品种名，属于乌龙茶。安溪铁观音外形具有“蜻蜓头、螺旋体、青蛙腿”特点，呈砂绿色，冲泡后有天然的兰花香，香气馥郁持久，汤色蜜黄，滋味醇厚甘鲜，独具“观音韵”，茶叶持久耐泡，素有“七泡有余香”之誉。

（十）六安瓜片

六安瓜片简称瓜片、片茶，产自安徽省六安市大别山一带，因其叶像瓜子而得名。六安瓜片历史悠久，曾作为提供宫廷饮用的贡茶。1856 年，慈禧生同治皇帝后，方有资格每月享受十四两六安瓜片茶的待遇，一代伟人周恩来总理与叶挺将军也颇爱喝六安瓜片，曾有一段与六安瓜片的不解情缘。六安瓜片是无芽无梗的茶叶，由单片叶制成，色泽翠中带霜，香气清高，滋味甘鲜。

【实践园】

请以小组为单位，冲泡和品饮茶叶，通过看外形、闻香气、观汤色、尝滋味、看叶底来探究以下6种茶的品质特征，并完成下表。

活动时间：					
组内成员：				组长：	
任务分工情况：					
茶名	外形	汤色	香气	滋味	叶底
西湖龙井					
白毫银针					
君山银针					
铁观音					
祁门红茶					
云南普洱					

【知识拓展】

储存茶叶

茶叶是疏松多孔的干燥物品，具有较大的表面积和良好的水分吸收能力，若储存不当，很容易发生不良变化，如变味、陈化、变质等，色香味都会随着储存时间而发生变化。造成茶叶陈化变质的主要因素有水分、温度、光线、氧气、杂异味，这些因素都会导致茶叶品质发生变化，因此，正确储存茶叶格外重要。

一、防潮，干燥储存

茶叶的含水量是导致茶叶变质的重要因素，茶叶的最佳含水量应控制在4%～5%，超过12%时，霉菌大量滋生，产生霉味。茶叶必须干燥后（含水量为6%以下）进行防潮储存，储存容器内可放入适量的茶叶干燥剂、石灰块等吸湿剂，以防茶叶返潮而加速陈化。

二、防高温，低温储存

温度越高，茶叶内含化学成分反应速度越快，品质变化越快。茶叶在低温时陈化缓慢，温度高时则品质下降快。一般来说，温度平均每升高10 ℃，茶叶的色泽褐变速度将增大3～5倍。茶叶储存温度控制在0～5 ℃时，能抑制茶叶的陈化，较长时间地保持原有的色泽。一般储存名优茶时，温度通常控制在5 ℃以下，也可把用容器密封好的茶叶放入冰箱内储存。

三、防光照，避光储存

光照对茶叶有破坏作用，茶叶储存过程中如受到光线特别是紫外线的照射，茶叶的色素会和脂类物质发生光氧化反应，产生日晒味，导致香气、色泽产生劣变。因此，必须避免在强光下储存茶叶，并且要避免使用全透光的容器。如需用玻璃瓶或透光塑料袋装储茶叶，应选暗色者为好。

四、防氧化，密封储存

氧气是茶叶化学成分变化的重要参与者，茶叶中类脂物质的氧化会产生陈味，维生素C和多酚类也极易氧化，会使茶味变淡、颜色变深。如果储存容器内能隔断氧气，就可以有效抑制茶叶氧化变质，因此，可用铁罐、陶缸、食品袋等可密封的容器进行装储。容器最好内衬无毒塑料膜袋，储存期间应尽量减少容器开启时间。封口时要挤出衬袋内空气，以减少氧化。

五、防吸附，单独储存

茶叶内质疏松而多孔，吸附性强。茶叶与香皂、化妆品、汽油、樟脑、调料品等有气味散发的物品放在一起时，茶叶可迅速吸附其气味。因此，茶叶必须单独储存，不宜用有挥发气味的容器或已吸附异味的容器储存，放入冰箱储存时，应注意保持冰箱的清洁和无杂异味，避免混入食物或其他异味物品。

总的来说，要使茶叶在储存期间保持固有的色、香、味、形，必须让茶叶充分干燥，置于阴凉处或冰箱内，绝对不能与带有异味的物品接触，并避免暴露与空气接触和受光线照射，还要注意不能挤压、撞击茶叶。家庭保存茶叶宜用小包装存放，可置于锡罐、陶瓷罐等容器内储存，如图2.16所示，减少打开包装的次数，茶叶买回来之后，应尽快喝完。

(a)铁罐　(b)锡罐　(c)陶瓷罐　(d)紫砂罐　(e)冰箱

图2.16　茶叶存储用具

【思考与实践】

1. 请说出六大茶类的代表茶，每类说出3种以上。
2. 说出六大茶类的发酵程度和品质特性。
3. 请列举中国十大名茶。

任务三　备　具

【茶诗】

一碗喉吻润，二碗破孤闷。
三碗搜枯肠，惟有文字五千卷。
四碗发轻汗，平生不平事，尽向毛孔散。
五碗肌骨清，六碗通仙灵。
七碗吃不得也，惟觉两腋习习清风生。

——唐·卢仝《七碗茶诗》

【学习目标】

认识茶具的名称和用途，能根据茶叶的特性选择适宜的冲泡器具；根据主题与环境要求布置茶桌。

【前置任务】

①请以小组为单位，通过各种途径，收集泡茶用具的资料，认识茶具的类型、名称和用途，以书面形式汇报，完成以下报告表。

泡茶用具资料报告表

<table>
<tr><td colspan="4">活动时间：</td></tr>
<tr><td colspan="3">组内成员：</td><td>组长：</td></tr>
<tr><td colspan="4">资料收集方式：</td></tr>
<tr><td colspan="4">任务分工情况：</td></tr>
<tr><td>序号</td><td>茶具类型</td><td>茶具名称</td><td>茶具用途</td></tr>
<tr><td>1</td><td></td><td></td><td></td></tr>
<tr><td>2</td><td></td><td></td><td></td></tr>
<tr><td>3</td><td></td><td></td><td></td></tr>
<tr><td>4</td><td></td><td></td><td></td></tr>
<tr><td>5</td><td></td><td></td><td></td></tr>
<tr><td>6</td><td></td><td></td><td></td></tr>
<tr><td>7</td><td></td><td></td><td></td></tr>
</table>

续表

序号	茶具类型	茶具名称	茶具用途
8			
9			
10			

报告小组：

②请以小组为单位，根据茶叶的特性选择适宜的冲泡器具，完成以下报告表。

不同茶叶的泡茶器具报告表

序号	茶类	茶名	泡茶用具
1	绿茶	碧螺春	
2	白茶	白牡丹	
3	黄茶	君山银针	
4	青茶	凤凰单丛	
5	红茶	正山小种	
6	黑茶	六堡茶	
7	花茶	茉莉花茶	

报告小组：

③请以小组为单位，从六大茶类中选取一类查询茶桌布置的资料，自选主题，布置该茶类泡茶茶桌，完成以下报告表。

茶桌布置报告表

活动时间：	
组内成员：	组长：
资料收集方式：	
任务分工情况：	
表达的主题：	
选用的茶叶：	
选用的茶具：	
装饰品：	
作品图片：	

报告小组：

【相关知识】

茶具这一概念最早出现于西汉时期王褒《僮约》中“武阳买茶,烹茶尽具”。茶具,又称茶器,指人们在饮茶过程中所使用的各种器具。茶具历史悠久,经历了从无到有、从共用到专一、从粗糙到精致的过程。俗话说,“具为茶之父”,明代茶人许次纾在《茶疏》中曾写道:“茶滋于水,水籍乎器,汤成于火,四者相须,缺一则废。”可见器具对于茶性的展现至关重要。品茶之趣,不仅注重茶叶的色、香、味、形,以及品茶心态和品茗环境,还须讲究茶叶与茶具契合。

茶具随着饮茶方法的改变而改变,不断出现新的茶具。茶具一般是指茶杯、茶碗、茶壶等饮茶用具,选用精美、适宜的茶具,不仅能衬托出茶汤的色泽,而且可以发挥不同品类茶叶的特点。精致的茶具是艺术品,既可泡茶品茗,又可摆放鉴赏,给人带来美的享受,增添品茗的乐趣。

一、茶具的种类

茶具种类繁多,形式复杂,花色丰富。根据所用材质不同,一般可分为陶土茶具、瓷质茶具、玻璃茶具、竹木茶具、金属茶具、漆器茶具、搪瓷茶具和玉石茶具等。

(一)陶土茶具

陶土器具历史久远,起源于新石器时代,最初是粗糙的土陶,而后逐步演变为坚实的硬陶,然后发展为表面上釉的釉陶。将泥土制成坯烧制的成品,都被称为陶器。陶器是人类最早使用的器皿,陶器有很多种,如著名的江苏宜兴紫砂陶、安徽的阜阳陶、广东的石湾陶、山东的博山陶等。陶土茶具外形古朴典雅,含蓄内敛,因其材质有气孔,易吸附茶汁,蕴蓄茶味,用其泡茶传热不快,不易烫手,盛放茶叶不易酸馊变质。

(二)瓷质茶具

瓷器发明之后,陶制茶具逐渐被瓷器茶具所替代。瓷质茶具可分为白瓷茶具、青瓷茶具、黑瓷茶具等。

白瓷是指瓷胎为白色,表面为透明釉的瓷器。白瓷具有坯质致密透明,上釉,无吸水性等特点,因其色泽洁白,能反映出茶汤色泽,其传热、保温性能适中,加之色彩缤纷,造型各异,是茶器珍品。在白瓷上添加装饰,就造就了各式青花瓷、粉彩瓷、斗彩瓷、珐琅彩瓷等瓷器。青花瓷是在白瓷上缀以青色纹饰,清丽恬静,既典雅又丰富,江西景德镇生产的青花瓷器有“白如玉、薄如纸、明如镜、声如磬”的美誉。

青瓷茶具的主要产地在浙江,浙江龙泉的哥窑被列为五大名窑之一。青瓷茶具以质地

细腻、造型端庄、釉色青莹、纹样雅丽而蜚声中外，因色泽青翠，用来冲泡绿茶，更能增添汤色之美。

黑瓷茶具自宋代开始盛行，随着宋代斗茶之风的盛行，斗茶者们认为福建建阳一带所产的黑瓷茶盏用来点茶最为适宜，这种黑瓷兔毫茶盏风格独特、古朴雅致、瓷质厚重、保温性好，因而深受斗茶人喜爱。

（三）玻璃茶具

玻璃器皿发展迅速，应用广泛。玻璃的质地透明，光泽夺目，并且外形可塑性大，形态各异，使用玻璃杯泡茶，可以观赏到茶汤鲜艳的色泽，以及茶叶上下浮动、逐渐舒展的优美形态。特别是用于冲泡各类名茶，茶具晶莹剔透，茶汤澄清碧绿，芽叶朵朵，观之令人赏心悦目。玻璃杯以不吸附茶味、容易清洗及价廉物美而深受广大消费者的喜爱，其缺点是易碎、烫手。

（四）竹木茶具

竹木茶具物美价廉，来源广，制作方便，对茶无污染，对人体无害，因此，从古至今，一直深受茶人的喜爱。但缺点是不能长时间使用、无法长久保存、容易缺失文物价值。一般竹木茶具多作为泡茶辅助器皿，如茶道六君子、杯垫、茶盘等。

（五）金属茶具

金属茶具是指由金、银、铜、铁、锡等金属材料制作而成的器具。它是中国古老的日用器具之一，早在秦代青铜器就被广泛应用，先人用青铜制作盘盛水、盛酒等。陕西法门寺出土了一套唐代的鎏金茶具，可谓是金属茶具中罕见的稀世珍宝。而后随着饮茶方法的改变，以及陶瓷茶具的兴起，金属茶具在市面上逐渐减少，其中多以铁、铝等材质制成杯托以及银质的煮水壶和泡茶壶。其中，锡制成储茶器具有较大的优越性，锡罐多制成小口长颈，比较密封，对防潮、防氧化、防光、防异味效果都比较好，更有利于保存散茶。金属作为泡茶用具，一般评价不高，到了现代，金属茶具使用较少，但外观较美，有一定的观赏性。

（六）漆器茶具

漆器茶具始于清代，主要产于福建福州一带。使用木胎或泥胎模型，经上漆等多道工序制作而成。福州生产的漆器品种多种多样，如“金丝玛瑙”“釉变金丝”“宝砂闪光”“仿古瓷”“雕填”等，特别是发明了红如宝石的“暗花”和“赤金砂”等新工艺以后，更为光彩夺目。其特点是轻巧美观、色泽光亮，但是随着茶具种类选择增多，消费者更多地选择简易方便、性价比高的陶瓷和玻璃等茶具，所以现今很少见到漆器茶具。

中国历史上还出现过玉石、水晶、玛瑙等材料制作的茶具，因为这些器具制作困难、价格高昂，并无多大实用价值，主要作为摆设、装饰，如图 2.17 所示。

(a)陶土茶具

(b)瓷质茶具

(c)玻璃茶具

(d)竹木茶具

(e)金属茶具

(f)漆器茶具

图 2.17　茶具的种类

二、茶具的名称和用途

(一)主泡器具

主泡器具(主泡器)指泡茶时具有冲泡功能的茶具,包括有茶壶、盖碗、玻璃杯、公道杯、品茗杯等。

1. 泡茶壶

泡茶壶是泡茶的主要用具,如紫砂壶、瓷壶、玻璃壶等,如图 2.18 所示。

(a)紫砂壶

(b)瓷壶

(c)玻璃壶

图 2.18　泡茶壶

紫砂壶:比较适合冲泡乌龙茶类或黑茶类。

瓷壶:比较适合冲泡红茶、中档绿茶或花茶。

玻璃壶:因为质地透明,非常适合观赏茶汤颜色和茶叶舒展形态,比较适合冲泡花草茶、红茶或绿茶。

2. 盖碗

盖碗又称盖瓯、盖杯、茶盏,通常由盖、碗、托 3 件套组成,如图 2.19 所示,寓意“天、地、人”,用来泡茶的器皿,也可作为个人品茗器皿,多为瓷质,江西景德镇出品的盖碗最为著名,也可用紫砂陶、玻璃等其他材质制作。在广东潮汕地区,冲泡工夫茶时,多用茶盏作泡

茶用具，一般一盏工夫茶可供3人用小杯饮用。江浙一带以及西南地区和西北地区，又有用茶盏直接作泡茶和盛茶用具，一人一盏，富有情趣。盖碗泡茶适用性广，适用于冲泡和品饮各类茶叶。

图2.19 盖碗

3. 玻璃杯

玻璃杯又称“茶杯”，为品茶时盛放茶汤的器皿。玻璃杯按形状可分为敞口杯、直口杯、翻口杯、双层杯、带把杯等，如图2.20所示，一般适用于冲泡和品饮细嫩的绿茶、黄茶、白茶等。

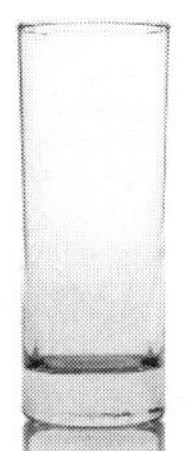
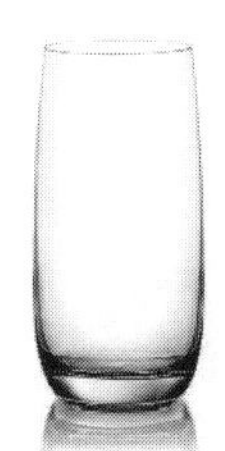

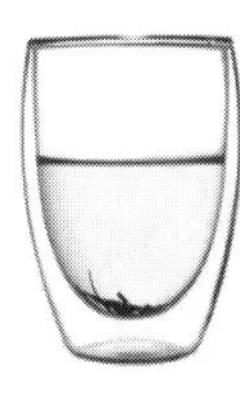

图2.20 玻璃杯

4. 公道杯

公道杯又称公杯、茶海、茶盅，是分茶的器皿，主要用于盛放泡好的茶汤，起到中和、均匀茶汤的作用。质地有玻璃、紫砂、瓷质、陶土等，如图2.21所示，为了能较好地观赏汤色，玻璃质地的公道杯应用较为广泛。

图2.21 公道杯

5. 品茗杯、闻香杯

品茗杯用于品尝茶汤和观赏汤色，闻香杯用于嗅闻茶香。两者质地多样，如紫砂、瓷质、陶土等，其大小、质地、造型等种类众多，如图2.22所示，可根据整体搭配和个人喜好进行选用。

图 2.22　品茗杯和闻香杯

（二）辅助茶具

辅助茶具是指在煮水、备茶、冲饮等环节起到辅助作用的茶具，经常用到的辅助茶具有煮水壶、茶道组、茶船、壶承、茶叶罐、茶荷、茶滤、水盂、杯托、茶巾、奉茶盘、盖置等。

1. 煮水壶

煮水壶又称随手泡，用于烧开水，目前使用较多的为不锈钢电热煮水壶，也有紫砂、陶瓷、玻璃、金属等材质的煮水壶，如图 2.23 所示。

图 2.23　煮水壶

2. 茶道组

茶道组又称茶道六君子、用具组，一套有 6 件，包括茶则、茶夹、茶匙、茶针、茶漏、茶筒，如图 2.24 所示。一般为木质，如檀木、鸡翅木、竹木等。

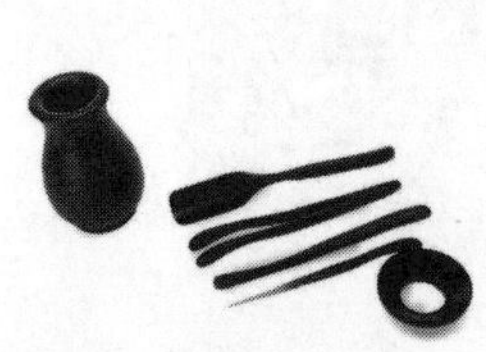
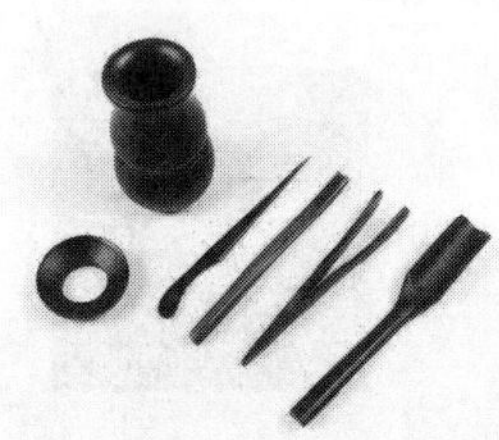

图 2.24　茶道组

茶则：用于量取干茶。

茶夹：用于夹取茶杯。

茶匙：用于拨取茶叶。

茶针：又称为茶通，用于疏通壶嘴。

茶漏：用于扩充壶口。

茶筒：用于盛放用具。

3. 茶船

茶船又称茶盘，主要用于放置各类茶具，如茶杯、茶壶等，还可以盛放废弃的茶水和茶渣。材质多为木质、竹制，也有紫砂、瓷、电木、石头等，如图 2. 25 所示。

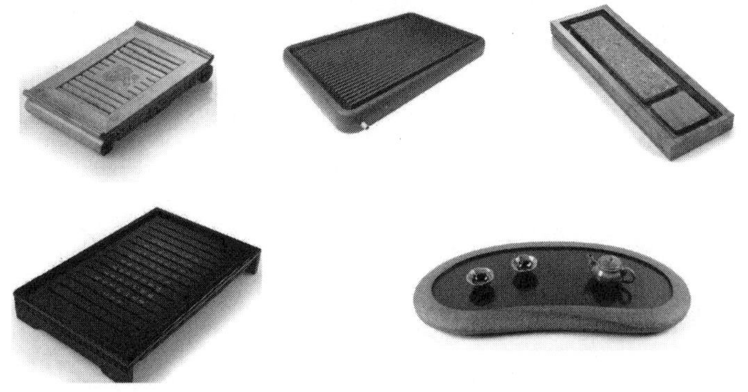

图 2. 25 茶船

4. 壶承

壶承主要用于承放茶壶，可用来承接温壶泡茶的废水，避免水弄湿桌面。材质多为陶瓷、竹木、紫砂等，如图 2. 26 所示。

图 2. 26 壶承

5. 茶叶罐

茶叶罐又称储茶器、茶仓，用于盛放、储存茶叶。常见的材质有紫砂、瓷、铁、锡、纸、玻璃等，如图 2. 27 所示。

图 2. 27 茶叶罐

6. 茶荷

茶荷用于盛放和欣赏干茶。常见的材质有竹、木、陶、瓷、锡、银等,如图 2. 28 所示。

图 2. 28　茶荷

7. 茶滤

茶滤用于过滤茶渣,放在公道杯中,与公道杯配套使用。常见的材质有不锈钢、陶、瓷、玻璃等,如图 2. 29 所示。

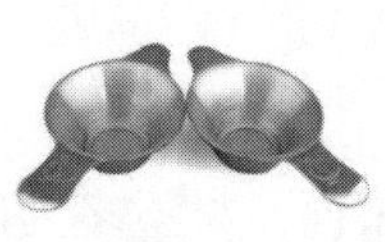

图 2. 29　茶滤

8. 水盂

水盂又称水方、废水皿、茶洗、杯洗,用于盛放用过的废水、废茶渣以及果皮等杂物,也可将茶杯放入水盂中用开水清洗。材质多为陶、瓷、玻璃等,如图 2. 30 所示,大小不一,造型各异,选择和使用时,注意其大小和质地与茶及其他茶具相搭配。

图 2. 30　水盂

9. 杯托

杯托又称茶托、杯垫,用于垫茶杯,多由竹木、金属、陶瓷、玻璃等制成,如图 2. 31 所示。

图 2. 31　杯托

10. 茶巾

茶巾用于清洁茶具，如擦拭茶具或茶桌上的水渍、茶渍，也可用于承托壶底，避免烫手。茶巾的主要材质有棉、麻、丝等，如图 2.32 所示，其中，棉织物吸水性好，容易清洗，被广泛使用。

图 2.32 茶巾

11. 奉茶盘

奉茶盘用于奉茶时放置茶杯，材质多为木和竹，如图 2.33 所示。

图 2.33 奉茶盘

12. 盖置

盖置用于放置盖碗或紫砂壶的盖子，一般由竹木、陶瓷、金属等材质制成，如图 2.34 所示。

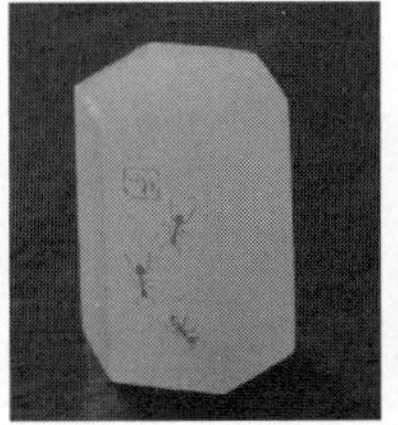

图 2.34 盖置

三、茶具选配

茶具选配讲究因茶制宜，在我国民间，有“老茶壶泡，嫩茶杯冲”之说。一般来说，冲泡粗老茶叶多选用紫砂壶或陶壶，一来可保温留香，有利于茶叶中的水浸出物溶解于茶汤，增加香气和提高茶汤浓度；二来较粗老的茶叶缺乏观赏价值，用来敬客，不大雅观，可避免失礼之嫌；而细嫩的茶叶，用杯冲泡，一目了然，同时享受物质和精神欣赏之美。

品饮西湖龙井、洞庭碧螺春、白毫银针、君山银针等细嫩名优茶,直接用玻璃杯冲泡和品饮最佳;其他细嫩名优绿茶,除选用玻璃杯冲泡外,也可选用白瓷杯冲泡饮用,注意不要将其闷熟,避免产生熟汤味;饮用大宗红茶和绿茶,注重茶的韵味,可选用有盖的壶、杯或碗来冲泡;饮用乌龙茶,则重在闻香啜味,宜选用紫砂茶具冲泡;饮用红碎茶与工夫红茶,可用瓷壶或紫砂壶来泡茶,然后将茶汤倒入白瓷杯中饮用;饮用花茶,为保持香气,可用壶泡茶,也可直接用盖碗冲泡及饮用;此外,盖碗茶具操作便利,不吸附茶味,清洗方便,适用性强,适宜冲泡红茶、绿茶、黄茶、白茶、乌龙茶、黑茶等各类茶叶。

具体茶具选配依茶而论,各茶类基本冲泡所选用的茶具见表2.4。

表2.4 各茶类基本冲泡茶具选用

序号	茶类	基本冲泡选用的茶具
1	绿茶	①玻璃杯冲泡法:玻璃杯、茶船、随手泡、茶叶罐、茶荷、茶道组、水盂、茶巾; ②盖碗冲泡法:盖碗、公道杯、茶滤、品茗杯、杯托、茶船、随手泡、茶叶罐、茶荷、茶具组、水盂、茶巾
2	白茶	①玻璃杯冲泡法:玻璃杯、茶船、随手泡、茶叶罐、茶荷、茶道组、水盂、茶巾; ②盖碗冲泡法:盖碗、公道杯、茶滤、品茗杯、杯托、茶船、随手泡、茶叶罐、茶荷、茶具组、水盂、茶巾
3	黄茶	①玻璃杯冲泡法:玻璃杯、茶船、随手泡、茶叶罐、茶荷、茶道组、水盂、茶巾; ②盖碗冲泡法:盖碗、公道杯、茶滤、品茗杯、杯托、茶船、随手泡、茶叶罐、茶荷、茶具组、水盂、茶巾
4	乌龙茶	①台湾紫砂壶冲泡法:紫砂壶、公道杯、茶滤、品茗杯、闻香杯、杯托、茶船、随手泡、茶叶罐、茶荷、茶道组、水盂、茶巾; ②福建盖碗冲泡法:盖碗、公道杯、茶滤、品茗杯、杯托、茶船、随手泡、茶叶罐、茶荷、茶道组、水盂、茶巾; ③潮汕工夫茶冲泡法:茶房四宝(潮汕炉、砂铫、孟臣罐、若琛瓯)、茶盘、壶承、羽扇、锡罐、素纸、茶巾
5	红茶	①盖碗冲泡法:盖碗、公道杯、茶滤、品茗杯、杯托、茶船、随手泡、茶叶罐、茶荷、茶具组、水盂、茶巾; ②瓷壶冲泡法:瓷壶、公道杯、茶滤、品茗杯、杯托、茶船、随手泡、茶叶罐、茶荷、茶具组、水盂、茶巾
6	黑茶	①盖碗冲泡法:盖碗、公道杯、茶滤、品茗杯、杯托、茶船、随手泡、茶叶罐、茶荷、茶具组、水盂、茶巾; ②紫砂壶冲泡法:紫砂壶、公道杯、茶滤、品茗杯、杯托、茶船、随手泡、茶叶罐、茶荷、茶具组、水盂、茶巾
7	花茶	①盖碗冲泡法:盖碗、公道杯、茶滤、品茗杯、杯托、茶船、随手泡、茶叶罐、茶荷、茶具组、水盂、茶巾; ②盖碗冲泡品饮法:盖碗、茶船、随手泡、茶叶罐、茶荷、茶具组、水盂、茶巾

四、茶桌布置

茶桌布置，即根据主题环境的要求以及所泡的茶品布置品茗环境，需要将茶桌的选择、茶具的摆放、装饰品的点缀、音乐和焚香等艺术相结合。

茶桌布置就是布置茶席，茶席是以茶为灵魂、以茶具为主体，在特定的空间形态中与其他艺术形式相结合共同完成的一个具有独立主题的茶道艺术组合（乔木森《茶席设计》），如图 2.35 所示。

茶席设计的基本构成要素包括茶品、茶具组合、插花、焚香、字画、工艺装饰、茶点、茶果、音乐、背景、动态演示等内容。因此要布置茶桌，需要围绕一定的主题，以茶为灵魂，将以上的茶席基本要素运用起来，在寸方茶台上，给人以唯美的视觉和感官享受。

图 2.35 茶桌布置

【实践园】

请以小组为单位，以"春"为主题，以绿茶为冲泡的茶品，选择茶具和布置茶桌。

【知识拓展】

茶房四宝

在中国，饮茶习惯最为普遍的是广东的潮汕地区，在这里，随处可见人们在泡茶喝茶，潮汕地区流行饮用工夫茶。"潮汕工夫茶"精致讲究,内涵深厚,被誉为"中国茶道的活化石"。在潮汕地区,泡茶讲究使用"茶房四宝",所谓"茶房四宝"指的是:玉书碨、潮汕炉、孟臣罐、若琛瓯,如图2.36所示。

玉书碨即烧开水的壶,又名"砂铫",为褐色扁形壶,容水量约为250毫升,水沸时,盖子"噗噗"作声,如唤人泡茶。潮汕炉即烧开水用的火炉,产于广东省潮州、汕头一带,因而被称为"潮汕炉",它小巧玲珑,可以调节风量,掌握火力大小,以木炭或橄榄炭作燃料。孟臣罐即泡茶的茶壶,为宜兴紫砂壶,以小著称,孟臣指的是明朝制壶大师惠孟臣,世人评价其所制的茶壶"大者浑朴,小者精妙"。若琛瓯即品茶的杯子,为白瓷小杯,杯子小而浅,容水量25~35毫升。

图2.36 茶房四宝

【思考与实践】

1. 请说出10种以上茶具的名称和用途。
2. 请为冲泡普洱茶选择茶具。
3. 请举例说明茶桌布置的注意事项。

项目三　客来敬茶

寒夜客来茶当酒，竹炉汤沸火初红。
寻常一样窗前月，才有梅花便不同。
——宋·杜耒《寒夜》

学习目标

①能以儒雅的绿茶茶艺为宾客提供服务；
②能以醇美的乌龙茶茶艺为宾客提供服务；
③能以高雅的红茶茶艺为宾客提供服务；
④能以厚道的黑茶茶艺为宾客提供服务；
⑤能以芬芳的花茶茶艺为宾客提供服务。

客来敬茶，以茶当酒，早已成为我们民族的古老传统。古代的诗人就将这以茶待客的民间习俗描绘得充满诗情画意、情趣盎然。作为当代的中级茶艺师，客来敬茶是必需的。茶艺师能够根据宾客的茶艺需求提供相应的茶艺表演与茶事服务，以分享的形式服务宾客，同时达到宣传茶文化的目的。

任务一　儒雅的绿茶茶艺

【茶诗】

水汲龙脑液，茶烹雀舌春。
因之消酩酊，兼以玩嶙峋。

——明·童汉臣《龙井试茶》

【学习目标】

使用玻璃杯、盖碗冲泡绿茶，掌握绿茶冲泡技巧；能根据客人品茶要求配置茶具及运用绿茶行茶法提供茶事服务；能为客人解说行茶法的每个步骤，并介绍绿茶的特点。

【前置任务】

①以小组为单位，通过各种途径，收集关于绿茶的资料，如绿茶的历史、制作方法、冲泡方式、功效、销售情况等，分类归纳并完成以下报告表，以书面形式汇报。

绿茶的资料报告表

活动时间：	
组内成员：	组长：
资料收集方式：	
任务分工情况：	
报告内容：	

报告小组：

②请以小组为单位，选择西湖龙井、碧螺春、黄山毛峰、信阳毛尖、太平猴魁中的其中一种名优绿茶进行调查，完成以下调查表。

________名茶报告表

活动时间：	
组内成员：	组长：

续表

资料收集方式：			
任务分工情况：			
报告内容：			
品名	出产地	特点	呈现方式(实物或图片)
历史典故：			
名茶制作流程报告形式(书面文字或录像)：			
名茶的功效：			

报告小组：

③请以小组为单位，根据调查的资料，选择名优绿茶中的一种进行茶艺演示，并完成以下报告表。

__________名茶茶艺报告表

活动时间：	
组内成员：	组长：
资料收集方式：	
任务分工情况：	
表达的主题：	
选用的茶具：	
冲泡程式：	
背景音乐：	
茶桌布置情况：	
茶艺师的服饰：	
解说词：	

报告小组：

【相关知识】

绿茶是我们祖先最早发现和饮用的茶，冲泡绿茶时茶艺师一定要掌握绿茶的特性，通过技法把绿茶的特点表现出来。

绿茶在色、香、味上讲求嫩绿明亮、清香、醇爽。在六大类茶中，绿茶冲泡看似简单，其实极为讲究。因绿茶不经发酵，从而保持了茶叶本身的嫩绿，冲泡时稍有偏差，茶叶便容易被泡老闷熟，茶汤变黯淡，香气变钝浊。此外，绿茶品种最丰富，每种茶由于形状、紧结程度和鲜叶老嫩程度不同，冲泡的水温、时间和方法都有差异，因此没有多次的实践，茶艺师难以泡好一杯绿茶。

一、工夫绿茶茶艺表演

（一）表演工夫绿茶所需茶具

茶船、青花茶壶(1个)、公道杯、茶滤、品茗杯(4个)、茶具组、废水皿、储茶器、茶荷、茶巾、随手泡，如图3.1所示。

图3.1　工夫绿茶茶具组合

（二）茶叶

洞庭碧螺春。

（三）工夫绿茶表演程式

工夫绿茶表演程式见表3.1。

表3.1　工夫绿茶表演程式

序号	步骤	解说	图解
1	备具迎佳客	茶艺师布置好茶桌，将茶具摆放好，并邀请宾客入座	

续表

序号	步骤	解说	图解
2	温具去凡尘	将热水倒入茶壶中,清洁茶具,同时也提高茶具的温度	
3	泉水下凡来	将热水倒入公道杯中待用,冲泡绿茶的水温应控制在80 ℃左右	
4	"姑娘"入宫来	将油嫩嫩的茶叶比作"姑娘",使茶叶人性化,用茶匙将茶叶拨入茶壶中	
5	甘泉润汝心	将公道杯的水注入壶内,七分满	
6	清汤出宫门	左手拿起茶巾,右手拿起茶壶,将茶巾垫在壶底,把壶中的茶汤倒入公道杯中	

续表

序号	步骤	解说	图解
7	“公道”来分汤	左手拿起茶巾，右手拿起公道杯，将茶巾垫在杯底，把公道杯中的茶汤均匀地倒入品茗杯中	
8	敬茶品再三	将品茗杯放在杯托中，双手奉起，递给宾客，并示范分三口将茶喝完	
9	收具谢礼式	用茶巾将茶船擦拭干净，将其他茶具摆放在茶船上，茶艺师站起来向宾客鞠躬表感谢	

二、玻璃杯绿茶茶艺表演

玻璃杯冲泡绿茶，茶叶的形态尽收眼底，能让喝茶者享受到眼福。而且玻璃杯取之随意，价格低廉，喝茶者可随时随地泡茶饮用，获得眼福与口福的双重享受。

（一）表演玻璃杯绿茶所需茶具

茶船、玻璃杯（3 个）、脱胎瓷壶、茶具组、废水皿、储茶器、茶荷、茶巾，如图 3.2 所示。

图 3.2　玻璃杯绿茶茶具组合

（二）茶叶

西湖龙井、洞庭碧螺春、君山银针各 3 克。

（三）玻璃杯绿茶表演程式

玻璃杯绿茶表演程式见表 3. 2。

表 3. 2 玻璃杯绿茶表演程式

序号	步骤	解说	图解
1	备具迎宾	茶艺师布置好茶桌，将茶具摆放好，并邀请宾客入座	
2	甘泉温具	拿起随手泡，往玻璃杯倒水，水量为随手泡容积的 1/3，双手拿起玻璃杯，由里往外轻轻旋转，将水倒入废水皿中；将热水倒入茶壶中，对玻璃杯再一次清洁，同时也提高水杯的温度	
3	龙入晶宫	冲泡西湖龙井采用下投法，用茶匙把茶荷中的茶拨入茶杯中，茶与水的比例约为 1∶50	
	有凤来仪	用“凤凰三点头”方法，即用手腕的力量，使水壶下倾上提反复 3 次，让茶叶在水中翻动；这不仅是泡茶本身的需要，更是中国传统礼仪的体现。三点头是对人鞠躬行礼，是对客人表示敬意，也表达了对茶的敬意	
4	峰降甘露	冲泡黄山毛峰采用中投法，将热水倒入杯中约占茶杯的 1/4，再将黄山毛峰投入玻璃杯中	

续表

序号	步骤	解说	图解
4	温润峰心	轻摇动杯身，促使茶汤均匀，使茶与水加速融合。冲泡黄山毛峰应选用85～90 ℃的热水最为适宜。茶叶在杯中上下翻动，促使茶汤均匀	
	春波展姿	玻璃杯中的热水好似春波荡漾，在热水的浸泡下，茶芽慢慢舒展开来，汤色清澈明亮，香气清鲜高长，滋味鲜浓、醇厚，回味甘甜，令人赏心悦目	
5	雨涨秋池	唐代诗人李商隐的名句："巴山夜雨涨秋池"，是个很美的意境，雨涨秋池即向杯中注水，水只宜注七分满	
	飞雪飘扬	冲泡碧螺春采用上投法。用茶匙把茶荷中的茶叶拨到已冲了水的玻璃杯中去。她浑身披毫，银白隐翠，如雪花纷纷扬扬飘到玻璃杯中，吸水后即向下沉，瞬时银光烁烁、雪花纷飞，煞是好看	
6	仙人捧杯	茶艺师双手托起玻璃杯敬奉给宾客。传说中仙人捧着一个水瓶，瓶中的甘露可消灾祛病，救苦救难，把泡好的茶敬奉给客人，祝福宾客一生平安	
7	慧心悟茶	品绿茶需要一看、二闻、三品味，在欣赏茶汤之后，要闻一闻茶香，用心灵去感悟，才能嗅到春天的气息以及清醇悠远的生命之香	

续表

序号	步骤	解说	图解
8	淡中品味	细细品味杯中绿茶。绿茶的茶汤清醇甘鲜,淡而有味,用心去品一定能够品出天地间至清、至醇的韵味	
9	收具谢客	用茶巾将茶船擦拭干净,将其他茶具摆放在茶船上,茶艺师站起来向宾客鞠躬表示感谢	

三、盖碗绿茶茶艺表演

用盖碗泡茶,因盖碗由白瓷制作,故有不吸味、导热快等优点。用盖碗泡绿茶是最传统的泡法,泡茶过程中人能注意茶叶的投放量。

(一)表演盖碗绿茶所需茶具

茶船、盖碗(3 个)、茶具组、废水皿、储茶器、茶荷、茶巾、铜质水壶,如图 3.3 所示。

图 3.3 盖碗绿茶茶具组合

(二)茶叶

信阳毛尖。

（三）盖碗绿茶表演程式

盖碗绿茶表演程式见表3.3。

表3.3 盖碗绿茶表演程式

序号	步骤	解说	图解
1	行礼迎嘉宾	“一杯春露暂留客，两腋清风几欲仙。”中国是文明古国，是礼仪之邦，又是茶的原产地和茶文化的发祥地。茶陪伴中华民族走过5 000年。今天，我们用盖碗茶为大家敬上一式东方奉茶礼，祝愿大家度过一段美好时光。随着音乐响起，茶艺师出场，站定，向宾客行礼	
2	净手宣茶德	茶艺师净手，宣传中国茶文化是东方艺术宝库中的奇葩	
3	焚香敬茶圣	茶艺师点香、敬香，表达对茶圣陆羽的尊敬之意，同时也敬奉天地神仙	
4	铜壶储甘泉	即备水，茶艺师将铜质水壶置于茶桌的右上角	
5	静赏毛尖姿	茶艺师从储茶罐中取出信阳毛尖干茶茶样置于茶荷中，双手捧起供宾客静心观赏	

续表

序号	步骤	解说	图解
6	神泉暖“三才”	即温具涤器。茶艺师提起茶壶，左手掀开“三才”碗盖，右手采用高冲法冲水入碗；左手揭盖，右手持碗，旋转手腕洗涤盖碗；冲洗杯盖，滴水入碗托；左手加盖于碗上，右手持碗，左手将碗托中的水倒入废水皿；用茶巾擦干碗盖上的残水。左手将“三才”盖打开斜搁置于碗托上	
7	入杯吉祥意	用茶匙从储茶器中取出毛尖置于茶荷，用茶则将茶叶分别投入盖碗内，用茶量大约为 3 克；信阳毛尖滋味香醇浓厚，投茶时按照从左到右的顺序一一投入，不违背茶圣洁的物性，以祈求带来更多幸福	
8	毛尖露芳容	右手提壶，左手持盖，按照从左到右的顺序，冲入刚好浸没茶叶的水，盖好碗盖	
9	回青表敬意	即冲泡，左右两边的盖碗以“凤凰三点头”法冲入七分水，中间一碗采用“高山流水”法冲泡	
10	敬奉一碗茶	茶艺师将盖碗置于茶盘上，敬奉给宾客。鲁迅先生说过：“有好茶喝，会喝好茶，是一种清福。”	
11	品味毛尖汤	揭开碗盖，凑至鼻前，轻轻扫过，以嗅其香，观赏茶汤色泽	

续表

序号	步骤	解说	图解
12	谢礼表真意	茶艺师将茶具收拾好,向宾客表示感谢	

【实践园】

1. 以小组为单位,选择绿茶的历史、操作、制作、功效等一个角度为客人介绍绿茶。

2. 请以小组为单位比较以下两种干茶的特征。

特征	茶叶名称	
	西湖龙井	碧螺春
色泽		
气味		
滋味		

【知识拓展】

"茶艺",你知道多少?

茶艺是形式和精神的完美结合,包括茶叶品评技法和艺术操作手法鉴赏以及品茗清幽环境领略等整个品茶过程及其美好意境,其过程体现形式和精神相互统一。就形式而言,茶艺包括选茗、择水、烹茶技术、茶具艺术、环境的选择创造等。"茶艺"一词在20世纪70年代之后才盛行于世,不过早在唐代陆羽的《茶经》、宋代蔡襄的《茶录》、宋徽宗赵佶的《大观茶论》、明代朱权的《茶谱》等古籍中就记载了与茶艺相关的内容,可见,中国是茶艺的发源地。中华茶艺源远流长,不仅是人文的,也是艺术的,是一门综合性艺术,是中华茶文化的重要组成部分。

茶艺体现人们主观的审美情趣和精神寄托。通过艺术加工,茶艺师向饮茶人和宾客展现茶的冲、泡、饮技巧,提升品饮的境界,赋予茶以更强的灵性和美感。茶艺多姿多彩,充满生活情趣,丰富我们的生活,提高生活品位,是一种积极的艺术。如果要展现茶艺的魅力,需要人物、道具、舞台、灯光、音响、字画、花草等密切配合及合理编排,茶艺给饮茶人以高尚、美好的享受,给表演带来活力。可见,茶艺也是一种舞台艺术。

中华茶艺百花齐放,可以分为3种,分别是民俗茶艺、仿古茶艺及其他茶艺,而人、茶、水、器、境、艺就构成了茶艺的六要素,这六大要素和谐俱美的过程就是茶艺表演的过程。

【思考与实践】

1. 创设情境，根据客人品茶要求配置茶具及运用茶艺知识提供黄茶茶事服务。

2. 冲泡绿茶的水温与投茶量是否有要求？请举例说明。

3. 创设情境，根据客人品茶要求配置茶具及运用茶艺知识提供白茶茶事服务。

【评分资料库】

绿茶茶艺表演（玻璃杯）评分表

序号	项目	要求与标准	满分/分	扣分/分	得分/分	备注
1	姿态	头要正，下颚微收，神情自然；胸背挺直不弯腰，沉肩垂肘两腋空，脚平放，不跷腿，女士不要叉开双腿	5			
2	备具	选择的茶具正确	10			
3	温具	将开水倒至杯的1/3处，右手拿杯旋转将温杯的水倒入茶船中	10			
4	赏茶	用茶则将茶叶倒入茶荷，请客人观赏	10			
5	置茶	用茶匙将茶叶拨入玻璃杯中，投放量为杯的1/20	15			
6	浸润	倒入开水，水量为杯的1/4，让茶叶在水中浸润	15			
7	冲泡	采用凤凰三点头（高冲低斟反复3次）的方法将开水冲入杯中，水量为杯的七分左右	15			
8	奉茶	用双手端起玻璃杯，置于胸前，脸带微笑将茶奉给客人	10			
9	品茶	介绍品茶的方法：先闻香，后赏茶观色，然后细细品啜	5			
10	收具	将所用茶具收拾好，清洁茶台，洗净茶具	5			
合计			100			

评分小组：

绿茶茶艺表演（盖碗）评分表

序号	项目	要求与标准	满分/分	扣分/分	得分/分	备注
1	姿态	头要正，下颚微收，神情自然；胸背挺直不弯腰，沉肩垂肘两腋空，脚平放，不跷腿，女士不要叉开双腿	5			
2	备具	选择正确的茶具	10			
3	温具	将开水回旋注入，水量为茶瓯的1/3，将瓯中开水倒入茶船中	15			

续表

序号	项目	要求与标准	满分/分	扣分/分	得分/分	备注
4	赏茶	用茶则将茶叶倒入茶荷,请客人观赏	5			
5	置茶	用茶匙将茶叶拨入茶瓯中,投放量为瓯的1/20~1/10	10			
6	洗茶	用沸水从瓯边冲入,加盖后快速倒入茶船(开水水温为90 ℃)	10			
7	冲茶	采用悬壶高冲的方法,将沸水按一定方向冲入瓯中(水温为80 ℃左右)	15			
8	刮沫	用瓯盖轻轻刮去漂浮在茶汤表面的泡沫	5			
9	洗盖	一手提盖,使盖侧立,一手执开水壶,用开水冲洗盖里侧,盖上瓯盖泡1分钟,盖与碗之间留空隙	5			
10	奉茶	用双手端起杯托置于胸前,面带微笑将茶敬奉给客人	10			
11	品茗	介绍品茶的方法:先闻香,后观色,最后小口品尝	5			
12	收具	将所用茶具收拾好,清洁茶台,洗净茶具	5			
合计			100			

评分小组:

小组合作评价表

班级________ 评价小组________ 日期________

评分标准	小组名称	得分/分	得分依据或存在问题
分工协作,并能充分发挥团队作用(20分)			
资料组织有条理,内容丰富并与主题相呼应(20分)			
内容具有创新性,能反映小组成员的接待能力与技巧(10分)			
能够掌握理论运用的程度(15分)			
展示手法多样化,效果良好(10分)			
演示仪态好、语言简练、气质佳(5分)			
组织纪律好,遵守课堂纪律,认真做笔记(5分)			
小组评价认真,能为其他小组提出一些建设性的意见(15分)			
合计			

任务二　醇美的乌龙茶茶艺

【茶诗】

此间喝茶讲功夫，大把茶叶塞满壶。
初尝味道有点苦，苦尽甘来好舒服。

——方成《功夫茶》

【学习目标】

使用紫砂壶、盖碗冲泡乌龙茶，掌握冲泡乌龙茶的技巧；能根据客人要求提供潮汕乌龙茶、福建乌龙茶、台湾乌龙茶的茶事服务；能解说行茶法的每个步骤，并向客人介绍乌龙茶的特点。

【前置任务】

①以小组为单位，通过各种途径，收集关于乌龙茶的资料，如乌龙茶的历史、制作方法、冲泡方式、功效、销售等，分类归纳并完成以下报告表。

乌龙茶的资料报告表

活动时间：	
组内成员：	组长：
资料收集方式：	
任务分工情况：	
报告内容：	

报告小组：

②请以小组为单位，选择凤凰单丛、安溪铁观音、武夷大红袍等其中一种乌龙茶进行调查，完成以下报告表。

________名茶报告表

活动时间：	
组内成员：	组长：
资料收集方式：	
任务分工情况：	
报告内容：	

续表

品名	出产地	特点	呈现方式(实物或图片)
历史典故:			
名茶制作流程报告形式(书面文字或录像):			
名茶的功效:			

报告小组:

③请以小组为单位,根据调查的资料,选择以上乌龙茶中的一种进行茶艺演示,并完成以下报告表。

________名茶茶艺报告表

活动时间:	
组内成员:	组长:
资料收集方式:	
任务分工情况:	
表达的主题:	
选用的茶具:	
冲泡程式:	
背景音乐:	
茶桌布置情况:	
茶艺师的服饰:	
解说词:	

报告小组:

【相关知识】

乌龙茶是我国特有的茶类,属于半发酵茶,因为它的发酵度为30% ~70%,所以色泽从青褐到乌褐。同时也因为发酵程度不同,它既有红茶的浓醇鲜爽,又有绿茶的清爽芬芳。典型的乌龙茶的叶体中间呈绿色,边缘呈红色,素有“绿叶红镶边”美称。

一、传统潮汕工夫茶艺

早在盛唐时,潮汕工夫茶便已形成,是中国工夫茶的最古老型种遗存。从早期一步步发展至今,潮汕工夫茶经历了很大发展与演变。本套表演以陈香白老师所整理的潮州工夫茶为基础,根据当地习俗改编而成,反映了潮汕工夫茶的基本程序与风格。

(一)所用茶具

紫砂壶(冲罐)、壶垫、紫砂茶船、内白瓷外朱泥的若琛杯(6 个)、砂铫、铫垫、茶洗、锡罐、纳茶纸、茶通、红泥火炉、茶巾、水缸、水勺,如图 3.4 所示。

图 3.4 潮汕工夫茶茶具组合

(二)茶叶

凤凰单丛。

(三)表演程式

传统潮汕工夫茶表演程式见表 3.4。

表 3.4 传统潮汕工夫茶表演程式

序号	步骤	解说	图解
1	迎宾入座示茶具	潮汕工夫茶是中国茶道的“活化石”,它体现了和、爱、精、洁、思 5 种境界。冲泡潮汕工夫茶须用到“四宝”,即玉书煨(俗称“茶锅仔”,又称砂铫)、潮州炉(俗称“红泥火炉”)、孟臣罐(俗称“冲罐”),配以若琛杯	
2	净手茶礼表敬意	茶是一种高雅的文化饮品,净手是一种茶礼,隐含茶艺师对客人的尊敬和对茶道的重视	
3	砂铫掏水置炉上	泡茶用水储存于瓷制水缸中,茶艺师用竹筒舀出,倾入砂铫,放在红泥火炉上。火炉置于茶桌 7 步远,这样既可以减少烟灰干扰,又可以使三沸水恢复到二沸的状态	

续表

序号	步骤	解说	图解
4	静候三沸 涛声隆	茶艺师手拿羽扇煽火、烹水、候汤，沸如鱼目是一沸，涌如连珠为二沸，腾波鼓浪是三沸	
5	提铫冲水 先热罐	“罐”即冲罐，即紫砂壶。茶艺师手端来砂铫，内外淋罐	
6	遍洒甘露 再热盅	“盅”即若琛瓯。茶艺师持罐淋盅、温壶、温杯，可以使杯罐都热起来，其作用在于起香	
7	锡罐佳茗 倾素纸	四方形的纸被称为纳茶纸，是由过去的外包装纸演化而来的。茶艺师双手拿起锡质储茶器，将茶叶倾在纳茶纸上	
8	观赏干茶 评等级	品茶首先要评干茶，凤凰单丛产于潮州凤凰山上，外形条索紧结，色泽乌褐明亮。茶艺师双手托起纳茶纸，让宾客观赏凤凰单丛	
9	壶中天地 纳单丛	最粗的茶叶置于最前，其次为细末，最后为较粗的茶叶，此过程为“纳茶”。茶艺师右手拿茶通，左手拿纳茶纸，将茶叶慢慢置入罐中	

续表

序号	步骤	解说	图解
10	甘泉洗茶香味飘	倾入甘泉，洗掉杂质，使单丛尽显茶香。提起砂铫，揭开壶盖，环壶口、缘壶边将沸水冲入	
11	环壶缘边须高冲	“高冲”使茶叶犹如水中鱼儿，充分舒展。洗茶之后，再提铫高冲，水要注满，但不能让茶汤溢出	
12	刮沫淋盖显真味	水注满后，茶沫浮白，这时需要壶盖刮沫，淋盖既可去沫，又可壶外追热，茶香充盈	
13	烫杯三指飞轮转	烫杯最能显示工夫茶的美感。将一杯侧置于另一杯上，中指腹勾住杯脚，拇指抵住杯口并不断向上推拨，使杯上之杯作环状滚动	
14	低洒茶汤时机到	洒茶要注意低洒，可以防止茶香散发过快，避免杯中起泡沫	
15	巡城往返骋关公	洒茶时，茶壶就好像关公骑着马在城楼上来回驰骋。这样洒茶汤才能均匀，公平合理。茶艺师手持紫砂壶，按照逆时针方向，快速将茶汤倒入品茗杯中	

续表

序号	步骤	解说	图解
16	喜得韩信点兵将	洒茶时既要做到余汁滴尽，又要保持各杯茶汤均匀，因此必须手提茶壶，壶口向下，对准茶杯，循环往复，务必点滴入杯	
17	莫嫌工夫茶杯小	茶杯虽小，情谊却浓。茶艺师用“三龙护鼎”的手势拿起品茗杯，分三小口将茶汤饮尽	
18	茶韵香浓情更浓	喝完后，三嗅杯底，既可享受余香，还可鉴别茶质之优劣	
19	收具谢礼表情意	茶艺师将茶具收拾好，向宾客表示感谢	

二、安溪铁观音茶艺

安溪铁观音是乌龙茶的极品，其品质特征为茶条卷曲、肥壮圆结、沉重匀整、色泽沙绿，蜻蜓头、螺旋体、青蛙腿。冲泡后汤色金黄浓艳似琥珀，有天然馥郁的兰花香，滋味醇厚甘鲜，回甘悠久，俗称有“音韵”。铁观音茶香高而持久，可谓“七泡有余香”。

（一）所用茶具

盖碗、茶船、品茗杯、闻香杯、杯垫、公道杯、茶滤、储茶器、废水皿、茶具组、茶荷、茶巾、随手泡，如图3.5所示。

图 3.5 安溪铁观音茶具组合

(二)茶叶

安溪铁观音。

(三)表演程式

安溪铁观音茶艺表演程式见表 3.5。

表 3.5 安溪铁观音茶艺表演程式

序号	步骤	解说	图解
1	丝竹和鸣迎嘉宾	茶艺师布置好茶桌,在优雅的音乐声中揭开品茗杯恭迎嘉宾	
2	“三才”温暖暖龙宫	先温“三才”碗,稍后放入茶叶冲泡,这样才不致冷热悬殊	
3	精品鉴赏评干茶	评茶首先赏干茶,虽还未冲泡,但当看到油亮美观的茶叶时,客人已神往。茶艺师用茶则从储茶器中取出铁观音,放在茶荷里供客人观赏	

续表

序号	步骤	解说	图解
4	观音入室 度众生	诗人苏轼曾作诗:“从来佳茗似佳人。”将茶叶拨入紫砂壶中,犹如恭请观音轻移莲步,登堂入室,满室生香	
5	高山流水 显音韵	冲水时,右手拿起随手泡,左手轻搭在盖顶,缓缓以顺时针的方向画圆圈,可使叶和茶水上下翻动,充分舒展	
6	春风拂面 刮茶沫	用壶盖轻轻刮去汤面的白泡沫,使茶汤清新洁净	
7	荷塘飘香 破烦恼	茶香拂面,能清精神,破烦恼	
8	凤凰点头 表敬意	提起随手泡,利用手腕的力量,上下提拉注水,反复 3 次,让茶叶在水中翻动。其意是主人向宾客点头,欢迎致意;同时也表达了对茶的敬意	
9	沐淋瓯杯 温茗杯	公道杯中的茶汤平均倒入闻香杯,用右手将闻香杯中的茶汤倒入品茗杯中。目的是使杯的温度和茶汤的温度差不会太大	

续表

序号	步骤	解说	图解
10	茶熟香温暖心意	将浓淡适度的茶汤倒入公道杯中，暖暖的茶香散发而出	
11	公道正气满人间	茶人无分贫贱，将茶汤逐一斟入闻香杯中，每一杯都是一样的，就如观音普度，将公道正气送于杯中，众生平等	
12	倒转乾坤溢四方	将品茗杯倒扣在闻香杯上，用食指和中指夹紧闻香杯，拇指按紧品茗杯，以最快的速度翻转过来。茶香飘散四方，使茶人身心开阔	
13	一闻二品三回味	将满溢香气的对杯送给客人品尝，享受人间美味，客人揭开闻香杯，品饮茶汤，回味甘甜	
14	收具谢礼静回味	收好茶具，静心回味铁观音的茶香	

三、武夷大红袍岩茶茶艺

大红袍产于福建武夷山，这里山清水秀，是茶叶生长的好地方。大红袍是清代贡茶中的极品，其外形条索紧结，色泽绿褐鲜润，香气馥郁，有兰花香，具有明显的“岩韵”。

(一)所用茶具

茶船、盖碗、品茗杯、公道杯、茶滤、储茶器、茶具组、废水皿、茶荷、茶巾、随手泡,如图3.6所示。

图3.6　武夷大红袍茶艺茶具组合

(二)茶叶

武夷大红袍。

(三)表演程式

武夷大红袍岩茶茶艺表演程式见表3.6。

表3.6　武夷大红袍岩茶茶艺表演程式

序号	步骤	解说	图解
1	恭迎嘉宾	茶艺师布置好茶桌恭迎嘉宾入座	
2	展示茶具	冲泡大红袍所用的主泡器是盖碗	
3	白鹤温暖	茶艺师右手拿茶针,用茶针轻挑碗盖,将碗盖由里往外轻轻翻转,并置于碗上;将茶针放在茶巾上;右手拿起随手泡,轻轻往碗盖中倒入开水,用茶针将碗盖翻转过来;双手托起盖碗至胸前,按顺时针方向转一圈后将水倒出	

续表

序号	步骤	解说	图解
4	红袍亮相	茶艺师将大红袍从储茶罐中取出，置于茶荷里，双手托起，向宾客介绍大红袍的特点	
5	茶王入宫	用茶匙把大红袍置入盖碗内	
6	旋律高雅	采用高冲的方式使茶叶充分舒展	
7	春风拂面	用碗盖将激起的茶沫轻轻推开	
8	首冲勿饮	将茶汤倒入公道杯中，然后将公道杯中的茶汤倒入废水皿中	
9	凤凰点头	提起随手泡，利用手腕的力量，上下提拉注水，反复3次，让茶叶在水中翻动	

续表

序号	步骤	解说	图解
10	若琛出浴	用茶夹将品茗杯逐一放进茶洗中,淋上开水,用茶夹逐一夹紧品茗杯,快速在开水中翻转,其目的在于温杯,也可起到净杯底作用。品茗杯洗净浴出。若琛是清初人,以善制茶杯而出名,后人把名贵的茶杯称为"若深杯"	
11	红袍入海	这时,茶汤温润,泡的时间已到。茶人品茶讲究"头泡汤,二泡茶,三泡四泡是精华",大红袍属于乌龙茶类,其汤色呈亮丽的琥珀色,品茶人未曾品饮就已心旷神怡	
12	祥龙行雨	把公道杯中的茶汤快速而均匀地依次注入品茗杯中,称为"祥龙行雨",表示吉祥之意	
13	敬奉香茗	把冲泡好的大红袍敬献给各位嘉宾	
14	闻香品茗	拿起盖碗盖,将盖碗盖置于离鼻腔1厘米的地方,感受大红袍的"岩香";拿起品茗杯分三口喝完茶汤,体味大红袍的"韵香"	
15	收具谢礼	收拾好茶具,恭送嘉宾	

【实践园】

1. 以小组为单位，制作一辑乌龙茶茶艺视频，并让亲戚朋友欣赏，收集观后感（至少 3 个），在课堂上汇报。

2. 请以小组为单位比较以下两种干茶的特征。

特征	茶叶	
	冻顶乌龙茶	黄金桂
色泽		
气味		
滋味		

【知识拓展】

茶艺表演的美学分析

目前，在茶学界，大家已达成了这样的共识：茶艺源于生活但已艺术化，它既指冲泡技艺的审美要求，也包括整个饮茶过程的美学意境。

茶艺表演是将日常沏泡茶技巧艺术加工后，展现出来的具有表演性、观赏性的艺术活动，已不是生活的原生态。在茶艺表演过程中，茶艺师与品饮者是共处在同一审美活动中，通过解说，茶艺师用艺术化的语言将茶艺表演行为艺术潜隐的茶道精神传达给品饮者，在这一审美流程中，茶艺师们运用行为艺术赋予茶艺以文化象征意义，给饮者听觉、视觉享受；解说者则通过语言艺术给予饮者听觉的享受，引导饮者领悟茶艺要旨。饮者在茶艺师和解说者的合力表演中，调动全部的审美感觉，经过感知、体味、领悟，最终将物质内化为一种愉悦的精神，完成对茶艺表演的审美欣赏。因而，成功的茶艺表演需要饮者参与互动，这样才能获得应有的表演效果和达到领悟茶道的目的。这一审美生成机制是完成茶艺表演欣赏活动的关键，因而在研究茶艺表演中，我们不可忽视对这一深层问题的探讨。

茶艺表演中，茶艺师的动作、布景等是无声语言，这种语言表达秉从中国茶道“和”“敬”“美”“真”的精神要义，通过具有丰富象征意义的肢体动作、符号语言等营造一种虚静恬淡的审美主客体环境，表达有道无仪、天人合一的品饮境界。同时，清悠的传统音乐、适时精辟的茶艺解说等有声语言更与无声语言形成了动静和谐的审美意境。

（资料来源：百度百科）

【思考与实践】

1. 比较潮汕工夫茶、安溪铁观音、武夷大红袍茶艺，找出三者的不同点和相同点。可从历史故事、表现手法等角度分析。

2. 品饮乌龙茶有什么禁忌？

【评分资料库】

潮汕工夫茶茶艺评分表

表演小组名称：　　　　　　　　　　　　　　　　日期：

项目	分值/分	要求和评分标准	得分/分
仪态（6分）	3	形象自然、得体、高雅，表演中用语得当，表情自然	
	3	动作、手势、站立姿势端正大方	
茶具组合（20分）	10	茶器具之间功能协调	
	10	茶器具布置与排列有序、合理	
茶艺表演（50分）	5	能根据背景音乐有节奏地表演	
	15	冲泡程序准确，投茶量适中，水温、冲水量及时间把握合理	
	15	操作动作适度，手法顺畅，过程完整	
	10	烫杯技巧表现突出	
	5	奉茶姿态、姿势自然，言辞恰当	
小组合作（24分）	14	小组分工合作表演时角色明确，能突出主泡手	
	10	小组能完成潮汕工夫茶的所有操作流程	
合计	100		

评分小组：

武夷大红袍茶艺评分表

表演小组名称：　　　　　　　　　　　　　　　　日期：

序号	项目	要求与标准	满分/分	扣分/分	得分/分	备注
1	姿态	头要正，下颚微收，神情自然；胸背挺直不弯腰，沉肩垂肘两腋空，脚平放，不跷腿，女士不要叉开双腿	5			
2	备具	茶船、盖碗（茶瓯）、品茗杯、茶荷、杯托、茶具组、茶巾、随手泡、茶叶罐	10			
3	温具	将开水回旋注入茶瓯，将瓯中开水倒入品茗杯中，然后烫杯	10			
4	赏茶	用茶则将茶叶倒入茶荷，请客人观赏	5			

续表

序号	项目	要求与标准	满分/分	扣分/分	得分/分	备注
5	置茶	用茶匙将茶叶拨入茶瓯中,投放量为瓯的三至四成	10			
6	洗茶	将沸水从瓯边冲入,加盖后倒入品茗杯	10			
7	冲茶	采用悬壶高冲的方法,将沸水按一定方向冲入瓯中	10			
8	刮沫	用瓯盖轻轻刮去茶汤表面的泡沫,盖上瓯盖泡1分钟	5			
9	斟茶	将品茗杯中的水倒掉,再将瓯提起,把茶水巡回注入茶杯中	10			
10	点茶	倒茶后,将瓯底最浓的少许茶汤一滴一滴分别点到各茶杯中(七八分满)	10			
11	奉茶	用双手端起杯托置于胸前,面带微笑将茶敬奉给客人	5			
12	品茗	介绍品茶的方法:先闻香,后观色,最后小口品尝	5			
13	收具	将所用茶具收拾好,清洁茶台,洗净茶具	5			
合计			100			

评分小组:

任务三 高雅的红茶茶艺

【茶诗】

生拍芳丛鹰觜芽,老郎封寄谪仙家。
今宵更有湘江月,照出菲菲满碗花。

——唐·刘禹锡《尝茶》

【学习目标】

掌握使用盖碗、茶壶冲泡红茶的技巧;能根据客人的要求提供红茶茶事服务;能熟练解说行茶法的每个步骤。

【前置任务】

①以小组为单位,通过各种途径,收集关于红茶的资料,如红茶的历史、制作方法、冲泡

方式、功效、销售等,分类归纳并完成以下报告表。

红茶的资料报告表

活动时间:	
组内成员:	组长:
资料收集方式:	
任务分工情况:	
报告内容:	

报告小组:

②以小组为单位,选择祁红、滇红、闽红、湖红、川红、宜红、越红、湘红、粤红等其中一种名优红茶进行调查,完成以下报告表。

________名茶报告表

活动时间:			
组内成员:			组长:
资料收集方式:			
任务分工情况:			
报告内容:			
品名	出产地	特点	呈现方式(实物或图片)
历史典故:			
名茶制作流程报告形式(书面文字或录像):			
名茶的功效:			

报告小组:

③请以小组为单位,根据调查的资料,选择以上名优红茶中的一种进行茶艺演示,并完成以下报告表。

________名茶茶艺报告表

活动时间:	
组内成员:	组长:
资料收集方式:	
任务分工情况:	
表达的主题:	
选用的茶具:	
冲泡程式:	

续表

背景音乐：
茶桌布置情况：
茶艺师的服饰：
解说词：

报告小组：

【相关知识】

红茶是世界上消费量最大的一类茶，尤其产于安徽祁门县的祁门红茶，是我国传统工夫红茶中的珍品，已有一百多年历史，曾获巴拿马万国博览会的金质奖章，1911 年以后，祁红已经远销西欧等 14 个国家和地区。祁门红茶外形紧细、色泽油润、香气浓烈、味厚甜和，被国际市场上称为独特的“祁门香”“群芳最”，汤色红艳明亮，单独泡饮最能领略其独特的风味。

红茶的饮用与红茶的品质特点有关。按红茶的花色品种可分为工夫饮法和快速饮法；按调味方式可分为清饮法和调饮法；按茶汤浸出方式可分为冲泡法和煮饮法。但无论采取何种饮用方法，品饮红茶时，重点是领略香气、滋味和汤色，所以，通常多直接采用白瓷杯或玻璃杯泡茶，只有少数用壶，如冲泡红碎茶或片、抹茶。

一、表演工夫红茶所需茶具

茶船、茶壶（紫砂壶、瓷壶均可）或盖碗、白瓷杯、茶荷、公道壶、随手泡、茶具组、茶巾、储茶器，如图 3. 7 所示。

图 3. 7　工夫红茶茶具组合

二、茶叶

祁门红茶。

三、工夫红茶表演程式

工夫红茶表演程式见表 3.7。

表 3.7　工夫红茶表演程式

序号	步骤	解说	图解
1	茶具准备（备具）	茶具主要有：茶船、青花茶壶、品茗杯、茶荷、茶滤、公道壶、随手泡、茶具组、茶巾、储茶器	
2	红茶鉴赏（赏茶）	用茶则将茶叶拨至茶荷中，双手拿起茶荷请客人观赏	
3	烫壶温杯（温具）	将沸水注入瓷壶（碗）及杯中	
4	群芳聚会（置茶）	将茶荷中的红茶拨至茶壶中	

续表

序号	步骤	解说	图解
5	悬壶高冲（冲泡）	先用回转法，尔后用直流法，最后用“凤凰三点头”法冲至满壶。若有泡沫，可左手持壶盖，由外向内撇去浮沫，加盖静置 2 ~3 分钟	
6	红河入海（分茶）	将茶汤斟入公道壶（以紫砂壶作为公道壶）中	
7	缓缓细斟（分茶）	将壶中茶汤一一倾注到各茶杯中	
8	敬奉香茗（奉茶）	双手捧杯奉茶，并行伸手礼，道声“请用茶”	
9	收具谢礼	用茶巾将茶船擦拭干净，将其他茶具摆放在茶船上；茶艺师站起来向宾客鞠躬表示感谢	
提示	1. 如果以瓷壶冲泡，可直接以瓷壶作为公道壶；若以盖碗冲泡，则以紫砂壶作为公道壶； 2. 工夫红茶投茶量：容器的 1/5； 3. 冲泡水温：开香水温为 100 ℃，冲泡水温为 95 ℃； 4. 冲泡时间：5 秒、5 秒、10 秒、20 秒、40 秒。		

【实践园】

1. 在红茶中加入辅料以佐汤味的饮法称为调饮法。调饮红茶时可用的辅料极为丰富，如可用糖、牛奶、柠檬片、咖啡、蜂蜜或香槟酒等，调出的饮品多姿多彩、风味各异。请各小组选择不同辅料实践。

2. 请以小组为单位比较以下两种干茶的特征。

特征	茶叶名称	
	祁门红茶	正山小种红茶
色泽		
气味		
滋味		

【知识拓展】

世界四大名红茶

祁门红茶、阿萨姆红茶、大吉岭红茶、锡兰高地红茶并称世界四大红茶。

祁门红茶，简称祁红，主要产于安徽省祁门县一带。当地茶树品种优良，植于肥沃的泥土中，因为气候温润、雨水充足、日照适度，所以茶树生长茂旺、芽多肥壮，以 8 月份采收的祁门红茶品质最佳。春季饮红茶以祁门红茶最宜。

阿萨姆红茶产于印度东北阿萨姆喜马拉雅山麓的阿萨姆溪谷一带。当地日照强烈，须另种树适度遮蔽；因雨量充沛，促进热带性的阿萨姆大叶种茶树蓬勃发育。以 6—7 月采摘的阿萨姆红茶品质最优。阿萨姆红茶茶叶形状细扁，色呈深褐；汤色深红稍褐，带有淡淡的麦芽香、玫瑰香，滋味浓，属烈茶，是冬季饮茶的最佳选择。

大吉岭红茶产于印度西孟加拉省北部喜马拉雅山麓的大吉岭高原一带。当地凉爽的气候、薄雾笼罩的茶园、独特的地形、土壤和空气，使大吉岭茶具有清雅的麝香葡萄酒的风味和奇异的花果香。优质的大吉岭茶叶被称为茶中“香槟”。其汤色橙黄，气味芳香高雅，上品尤其带有葡萄香，口感细致柔和。大吉岭红茶最适合清饮，但由于茶叶较大，须稍久闷（约 5 分钟），茶叶尽舒，方能得其味。

锡兰高地红茶产于斯里兰卡，是斯里兰卡红茶的统称。主要分为乌沃茶（或乌巴茶）、汀布拉茶和努沃勒埃利耶茶。以乌沃茶最著名，锡兰红茶一般根据口味可以分为原味红茶和调味红茶。锡兰高地红茶风味强劲、口感浑重，适合泡煮香浓奶茶。

【思考与实践】

1. 请以小组为单位，创设情境，为宾客提供红茶茶事服务。

2. 如何挑选红茶？

【评分资料库】

工夫红茶茶艺评分表

表演小组名称：　　　　　　　　　　　　日期：

序号	项目	要求与标准	满分/分	得分/分	扣分原因
1	姿态	头要正，下颏微收，神情自然；胸背挺直不弯腰，沉肩垂肘两腋空，脚平放，不跷腿，女士不要叉开双腿	5		
2	备具	茶船、盖碗（茶瓯）、品茗杯、公道杯、茶荷、杯托、茶具组、茶巾、随手泡、茶叶罐	10		
3	温具	将开水回旋注入茶瓯，将瓯中开水倒入品茗杯中，然后烫杯	10		
4	赏茶	用茶则将茶叶倒入茶荷，请客人观赏	5		
5	置茶	用茶匙将茶叶拨入茶瓯中，投放量为瓯的1/5	10		
6	洗茶	将沸水从瓯边冲入，加盖后倒入品茗杯	10		
7	冲茶	采用“凤凰三点头”的方法，将沸水按一定方向冲入瓯中	10		
8	刮沫	用瓯盖轻轻刮去茶汤表面的泡沫，盖上瓯盖泡1分钟	5		
9	斟茶	先将品茗杯中的水倒掉，然后将瓯提起，把茶水注入公道杯中	10		
10	分茶	将公道杯中茶汤一一倾注到各茶杯中（七八分满）	10		
11	奉茶	用双手端起杯托置于胸前，面带微笑将茶敬奉给客人	5		
12	品茗	介绍品茶的方法：先闻香，后观色，最后小口品尝	5		
13	收具	将所用茶具收拾好，清洁茶台，洗净茶具	5		
合计			100		

评分小组：

任务四　厚道的黑茶茶艺

【茶诗】

小鼎煎茶面曲池，白须道士竹间棋。
何人书破蒲葵扇，记著南塘移树时。

——唐·李商隐《即目》

【学习目标】

掌握盖碗、紫砂壶冲泡黑茶的技巧；运用行茶法为客人提供茶事服务；能解说行茶法的每个步骤。

【前置任务】

①以小组为单位，通过各种途径，收集关于黑茶的资料，如黑茶的历史、制作方法、冲泡方式、功效、销售等，分类归纳并完成以下报告表。

黑茶的资料报告表

活动时间：	
组内成员：	组长：
资料收集方式：	
任务分工情况：	
报告内容：	

报告小组：

②请以小组为单位，选择湖南黑茶、四川黑茶、云南黑茶及湖北黑茶等其中一种名优茶进行调查，完成以下报告表。

________名茶报告表

活动时间：	
组内成员：	组长：
资料收集方式：	
任务分工情况：	
报告内容：	

续表

品名	出产地	特点	呈现方式（实物或图片）
历史典故：			
名茶制作流程报告形式（书面文字或录像）：			
名茶的功效：			

报告小组：

③请以小组为单位，根据调查的资料，选择以上名优黑茶的一种进行茶艺演示，并完成以下报告表。

__________名茶茶艺报告表

活动时间：	
组内成员：	组长：
资料收集方式：	
任务分工情况：	
表达的主题：	
选用的茶具：	
冲泡程式：	
背景音乐：	
茶桌布置情况：	
茶艺师的服饰：	
解说词：	

报告小组：

【相关知识】

普洱茶是黑茶的一个品种，原产于云南省，因过去集散地为普洱县而得名。现四川、广东、湖南等地也生产普洱茶。普洱茶分为饼茶、砖茶、沱茶和散茶。普洱散茶条索肥壮、汤色橙黄、香味醇浓，带有特殊的陈香，可直接泡饮。

依据品质和耐泡特性，冲泡普洱茶时，一般采用定点冲泡法。即用盖碗冲泡，用紫砂壶作公道杯。因普洱茶为陈茶，用盖碗能产生高温宽壶的效果，在盖碗内，经滚沸的开水高温消毒、洗茶，洗去普洱茶表层的不洁物和异味，普洱茶的真味就能被充分释放。而用紫砂壶作公道壶，可去异味，聚香含淑，使韵味不散，得其真香真味。

一、表演普洱茶所需茶具

茶船、白瓷盖碗、品茗杯、茶荷、公道壶(紫砂壶)、随手泡、茶具组、茶巾、储茶器,如图3.8所示。

图3.8　普洱茶茶具组合

二、茶叶

云南普洱茶。

三、普洱茶表演程式

普洱茶表演程式见表3.8。

表3.8　普洱茶表演程式

序号	步骤	解说	图解
1	茶具准备 (备具)	茶具主要有茶船、白瓷盖碗、品茗杯、茶荷、茶滤、公道壶(紫砂壶)、随手泡、茶具组、茶巾、储茶器	
2	名茶鉴赏 (赏茶)	用茶则将茶叶拨至茶荷中,双手拿起茶荷请客人观赏	

续表

序号	步骤	解说	图解
3	温壶涤器（温具）	用烧沸的开水冲洗盖碗（三才杯）、若琛杯（品茗杯）、紫砂壶	
4	普洱入宫（置茶）	用茶匙将茶荷中的普洱茶置入盖碗	
5	倒海翻江（涤茶）	将烧沸的开水呈45°角大水流冲入盖碗中，即定点冲泡，使盖碗中的普洱茶随高温的水流快速翻滚，达到充分洗涤的目的	
6	淋壶增温（淋壶）	用盖碗中冲泡出的茶水淋洗公道壶，达到增温目的	
7	悬壶高冲（冲泡）	将烧沸的开水冲入盖碗中	
8	出汤入壶（出汤）	刮去浮沫，然后将盖碗中的普洱茶汤倒入公道壶中	

续表

序号	步骤	解说	图解
9	凤凰行礼（沥茶）	把盖碗中的剩余茶汤全部沥入公道壶中，以“凤凰三点头”向客人行礼致意	
10	普降甘霖（分茶）	即将公道壶中的茶汤倒入品茗杯中，以茶汤在杯内满七分为度	
11	香茗敬客（奉茶）	将品茗杯放在茶托中，茶艺师举杯齐眉奉茶给客人，道：“请用茶”	
12	收具谢礼	用茶巾将茶船擦拭干净，将其他茶具摆放在茶船上；茶艺师站起来向宾客鞠躬表示感谢	
提示	1. 投茶量：容器的1/5； 2. 冲泡水温：开香、冲泡水温为100 ℃； 3. 冲泡时间：5秒、5秒、10秒、20秒、40秒、60秒。		

【实践园】

1. 请各小组选择不同地区的黑茶（砖茶或饼茶）实践。

2. 请以小组为单位比较以下两种干茶的特征。

特征	茶叶	
	云南普洱茶	湖南黑茶
色泽		
气味		
滋味		

【知识拓展】

黑茶的功能

黑茶也是我国特有的一大茶类，黑茶生产历史悠久、产区广、销量大、品种多。主要品种有湖南安化黑茶、湖北老青茶、四川边茶、广西六堡散茶、云南普洱茶等。黑茶是一种后发酵茶，有的紧压成砖茶、饼茶，也有散茶，黑茶产量占我国茶叶总产量的四分之一左右，过去主销边疆，所以又称“边销茶”。黑茶是我国西北广大地区藏族、蒙古族、维吾尔族等日常生活必不可少的饮料。“宁可一日无食，不可一日无茶。”“一日无茶则滞，三日无茶则病。”

在“2007 国际茶业大会暨展览会”上，湖南农业大学教授、湖南茶叶学会理事长刘仲华作了湖南黑茶专题演讲。他从专业技术的角度，并用实验数据诠释了黑茶与人类健康的关系。他介绍：课题组已利用高通量筛选技术选择 10 个现代疾病的模型，研究了黑茶对人体健康的保健功能，其中包括降血压、降血脂、降血糖模型，抑制癌细胞扩散模型，提高人体免疫力模型等。通过模型评价发现，茯茶和千两茶（黑茶的两个品种）对降压、降脂、降糖有显著效果，对人体脂肪代谢、体重控制很有帮助。因此，黑茶的功能主要表现为抗辐射、抗癌、防癌、助醒酒、促进消化、减肥、延缓衰老、降胆固醇等，此外还有增强大脑中枢神经活动的敏锐性和提高思维能力、降血压、抑制动脉硬化等功效。

【思考与实践】

1. 请以小组为单位，创设情境，为宾客提供黑茶茶事服务。

2. 普洱茶依制法可分为生茶和熟茶，请简述两者在制作工艺上的区别以及两者的特征。

【评分资料库】

普洱茶茶艺评分表

序号	项目	要求与标准	满分/分	得分/分	评语
1	姿态	头要正，下颏微收，神情自然；胸背挺直不弯腰，沉肩垂肘两腋空，脚平放，不跷腿，女士不要叉开双腿	5		

续表

序号	项目	要求与标准	满分/分	得分/分	评语
2	备具	茶船、盖碗(茶瓯)、紫砂壶、品茗杯、茶荷、杯托、茶具组、茶巾、随手泡、茶叶罐	10		
3	温具	将开水回旋注入茶瓯,将瓯中开水倒入公道壶中,然后烫杯	10		
4	赏茶	用茶则将茶叶倒入茶荷中,请客人观赏	5		
5	置茶	用茶匙将茶叶拨入茶瓯中,投放量为瓯的1/5	10		
6	洗茶	将沸水从瓯边冲入,加盖后倒入公道壶中	10		
7	冲茶	采用悬壶高冲的方法,将沸水按一定方向冲入瓯中	10		
8	刮沫	用瓯盖轻轻刮去茶汤表面的浮沫,盖上瓯盖泡1分钟	5		
9	斟茶	先将品茗杯中的水倒掉,然后将瓯提起,把茶水注入公道壶中,用“凤凰三点头”方法将最后的少许浓茶点到公道壶中	10		
10	分茶	将公道壶中的茶汤倒入品茗杯中,每杯倒一样的量,以茶汤在杯内满七分为度	10		
11	奉茶	用双手端起杯托置于胸前,面带微笑将茶敬奉给客人	5		
12	品茗	介绍品茶的方法:先闻香,后观色,最后小口品尝	5		
13	收具	将所用茶具收拾好,清洁茶台,洗净茶具	5		
合计			100		

评分小组:

任务五 芬芳的花茶茶艺

【茶诗】

茉莉名佳花亦佳,远从佛国到中华。
仙姿洁白玉无瑕,清香高远人人夸。

——宋·王十朋《茉莉》

【学习目标】

掌握使用盖碗冲泡花茶的技巧;应用花茶行茶法为客人提供茶事服务;能向客人解说行茶法的每个步骤,介绍花茶的制作过程和特点;懂得辨识花茶的色泽、香气、滋味。

【前置任务】

①以小组为单位，通过各种途径，收集关于花茶的资料，如茉莉花茶的历史、制作方法、冲泡方式、功效、销售等，分类归纳并完成以下报告表。

茉莉花茶的资料报告表

活动时间：	
组内成员：	组长：
资料收集方式：	
任务分工情况：	
报告内容：	

报告小组：

②请以小组为单位，对茉莉花茶进行相关内容的调查，完成以下报告表。

________名茶报告表

<table>
<tr><td colspan="3">活动时间：</td><td></td></tr>
<tr><td colspan="3">组内成员：</td><td>组长：</td></tr>
<tr><td colspan="4">资料收集方式：</td></tr>
<tr><td colspan="4">任务分工情况：</td></tr>
<tr><td colspan="4">报告内容：</td></tr>
<tr><td>品名</td><td>出产地</td><td>特点</td><td>呈现方式（实物或图片）</td></tr>
<tr><td></td><td></td><td></td><td></td></tr>
<tr><td colspan="4">历史典故：</td></tr>
<tr><td colspan="4">名茶制作流程报告形式（书面文字或录像）：</td></tr>
<tr><td colspan="4">名茶的功效：</td></tr>
</table>

报告小组：

③请以小组为单位，根据调查的资料进行茶艺演示，并完成以下报告表。

__________茶艺报告表

活动时间：	
组内成员：	组长：
资料收集方式：	
任务分工情况：	
表达的主题：	

续表

选用的茶具：
冲泡程式：
背景音乐：
茶桌布置情况：
茶艺师的服饰：
解说词：

报告小组：

【相关知识】

花茶属于再加工茶，利用了茶善于吸收异味的特点，将有香味的鲜花和茶一起闷，待茶将香味吸收后把干花筛除便可制成。花茶主要以绿茶、红茶或者乌龙茶为茶坯，以能够吐香的鲜花为配料，采用窨制工艺制作而成。根据其配用的香花品种不同，花茶分为茉莉花茶、玉兰花茶、桂花花茶、珠兰花茶等，其中，茉莉花茶产量最大。花茶的品质特征是，外形条索紧结匀整，色泽黄绿尚润，内质香气鲜灵浓郁，具有明显的鲜花香气，汤色浅黄明亮，叶底细嫩匀亮。冲泡、品啜花茶时，花香袭人，客人满口甘芳，心旷神怡。

一、表演花茶茶艺所需茶具

茶船、盖碗、茶具组、废水皿、储茶器、茶荷、茶巾、铜壶，如图3.9所示。

图3.9　盖碗花茶茶具组合

二、茶叶

茉莉花茶。

三、花茶表演程式

盖碗花茶表演程式见表3.9。

表3.9　盖碗花茶表演程式

序号	步骤	解说	图解
1	恭请上座	茶艺师以伸掌礼请客人入座，以表示对客人的尊重	
2	烫具净心	茶艺师提起茶壶，左手掀开碗盖，右手将水柔和地冲入碗中，水量为盖碗的1/3；左手揭盖，右手持碗，旋转手腕洗涤盖碗；冲洗杯盖，滴水入碗托；左手加盖于碗上，右手持碗，左手将碗托中的水倒入废水皿；用茶巾擦干碗盖残水。左手将“三才”盖打开斜搁置于碗托上	
3	芳丛探花	美，在于探索，重在发现。芳丛探花是三品茉莉花茶中的头一品——目品，也就是赏茶的过程。用茶则将茉莉花茶从储茶器中取出置于茶荷内供客人评赏	
4	群芳入宫	将茉莉花茶比作群芳，用茶针均匀地将茉莉花茶投入盖碗中，用量为3克左右	
5	芳心初展	右手提壶，左手持盖，按照从左到右的顺序，将水冲入碗中，水量是盖碗的1/3，盖好碗盖；将茶汤倒入废水皿中，既是洗茶又是开香	

续表

序号	步骤	解说	图解
6	飞泉溅珠	悬壶冲水,就像飞泉落入碗中,使溅起的水珠像珍珠一般晶莹,此时的水量应该是盖碗的七分满	
7	温润心扉	双手托起盖碗,置于胸前,按顺时针方向旋转一圈,湿润茉莉花茶,使茶的品质更加突出	
8	敬奉香茗	将盖碗双手奉起,递给宾客品饮,同时也送去对客人的美好祝福	
9	一啜鲜爽	小口品啜茉莉花茶,体味芬芳的茉莉清香,感受鲜爽的茶叶醇香,令人心旷神怡	
10	反盏归元	将茶具收回,意在周而复始,期待下次相聚	

【实践园】

1. 以小组为单位,选择历史、功效等中的一个为客人介绍菊花茶,比较菊花茶与茉莉花茶的不同之处。

2. 请以小组为单位比较以下两种干茶的特征。

特征	茶叶	
	茉莉毛峰	珠兰花茶
色泽		
气味		
滋味		

【知识拓展】

汉方药草茶

汉方药草茶是,在中医理论指导下将辨证与辨病相结合,将单方或复方的中草药与茶叶搭配,采用冲泡或煎煮的方式,制作成用来防治疾病的茶方。

汉方药草茶的制作方法有3种,见表3.10。

表3.10 汉方药草茶的制作方法

方法	制作
泡	把所有茶材依所需要的分量放在杯中,注入沸水,盖上盖子,闷15~20分钟即可,一些药茶可反复泡几次
煎	依据茶材的特性加工,用砂锅煎汁,煎好后即可饮服,可分几次喝完
调	将药草茶磨成粉末,加入沸水,或搅拌成糊服用

汉方药草茶饮用注意事项:①带毒性的茶材需要煎服;②在服用前必须咨询医师;③不能过量,不要因为觉得可惜就多服;④注意饮用的时间;⑤不要和西药搭配饮用。

药草茶有调理作用,只要能在医师的指导下,确定该药草茶能适合自己的体质,便可选用一定配方进行饮用。

【思考与实践】

1. 品花茶有三品,具体指哪三品?在茶艺表演中体现为哪个程序?
2. 请以小组为单位,创设情境,为宾客行敬花茶的礼仪。

【评分资料库】

盖碗花茶评分表

序号	项目	要求与标准	满分/分	得分/分	评语
1	姿态	头要正,下颏微收,神情自然;胸背挺直不弯腰,沉肩垂肘两腋空,脚平放,不跷腿,女士不要叉开双腿	5		

续表

序号	项目	要求与标准	满分/分	得分/分	评语
2	备具	茶船、盖碗(茶瓯)、茶荷、杯托、茶具组、茶巾、随手泡、茶叶罐	10		
3	温具	将开水回旋注入,水量为茶瓯的1/3,将瓯中开水倒入茶船中	15		
4	赏茶	用茶则将茶叶倒入茶荷,请客人观赏	5		
5	置茶	用茶匙将茶叶拨入茶瓯中,投放量为瓯的1/10~1/5	10		
6	洗茶	将沸水从瓯边冲入,加盖后倒入茶船	15		
7	冲茶	采用悬壶高冲的方法,将沸水按一定方向冲入瓯中	15		
8	刮沫	用瓯盖轻轻刮去茶汤表面的泡沫,盖上瓯盖泡1分钟	5		
9	奉茶	用双手端起杯托置于胸前,面带微笑将茶敬奉给客人	10		
10	品茗	介绍品茶的方法,先闻香,后观色,最后小口品尝	5		
11	收具	将所用茶具收拾好,清洁茶台,洗净茶具	5		
合计			100		

评分小组:

项目四　创业之道

乱飘僧舍茶烟湿，密洒歌楼酒力微。
江上晚来堪画处，渔人披得一蓑归。
——唐·郑谷《雪中偶题》

学习目标

①认识各种民族的茶艺；
②认识外国茶艺；
③能根据销售的需要向宾客推销茶叶；
④认识茶艺馆创业的经营之道。

任务一　茶乡随俗

【茶诗】

箨龙已过头番笋，木笔犹开第一花。
叹息老来交旧尽，睡来谁共午瓯茶。

——宋·陆游《幽居初夏》

【学习目标】

了解各民族的不同茶艺，略懂各民族名茶的来历与制作方法；可识别出各民族的名茶；了解国外的经典茶叶和茶艺；会简单描述外国茶饮品的制作方式。

【前置任务】

①以小组为单位，通过不同的途径，收集各民族茶艺和外国茶艺的特征，如该茶艺的来源、特征、制作方式等，分类归纳并以书面形式汇报，完成以下报告表。

民族茶艺或外国茶艺的资料报告表

活动时间：	
组内成员：	组长：
资料收集方式：	
任务分工情况：	
报告内容：	

报告小组：

②请以小组为单位，选择白族三道茶、维吾尔族奶茶、满族盖碗茶、大唐文士茶、英国红茶等其中一种名优茶/茶艺进行调查，完成以下报告表。

__________名优茶/茶艺报告表

活动时间：	
组内成员：	组长：
资料收集方式：	
任务分工情况：	
报告内容：	

续表

品名	出产地	特点	呈现方式(实物或图片)
名优茶/茶艺的由来:			
名优茶/茶艺演示介绍报告(书面文字或录像):			
名优茶/茶艺的适用范围:			

报告小组:

【相关知识】

一、我国民族茶艺

我国有56个民族,地域和生活习性不同决定了他们的饮茶方式不同,从而演变出我国多种多样的茶文化。我国各民族特有名优茶/茶艺,见表4.1。

表4.1 我国各民族特有名优茶/茶艺

序号	名称	名优茶及茶艺简介
1	擂茶(客家)	 客家擂茶又名三生汤,起源于汉,盛于明清,流传至今 1.擂茶三宝:陶制擂钵、擂棍、"捞子" 2.制作工序:将茶叶和适量芝麻及几片甘草等置入擂钵中,将其研成碎泥,用"捞子"滤出渣,然后冲入沸水,适当搅拌,加入炒米、花生米、豆瓣、米果、烫皮等
2	酥油茶(藏族)	 酥油茶为我国藏族的一种饮料,由酥油和浓茶加工而成,有御寒、提神醒脑、生津止渴作用 1.制酥油茶的茶叶多为砖茶、沱茶 2.酥油茶有多种制作方法,传统的制茶方法为先将煮好的茶去掉茶叶装入打茶筒(也称酥油茶桶),再加入已经有一层凝结酥油的羊奶或牛奶,然后不断捶打,使之充分融合

续表

序号	名称	名优茶及茶艺简介
3	咸奶茶 (蒙古族)	 喝咸奶茶是蒙古族的传统饮茶习俗 1. 咸奶茶的茶底多为青砖茶或黑砖茶,咸奶茶由铁锅烹煮 2. 制作工序:先将砖茶打碎,用铁锅烧水,水沸腾后放入茶,待水再次沸腾时掺奶。煮茶时用的锅、放的茶和水、烧水的时间以及先后顺序都会影响其滋味
4	竹筒香茶 (傣族)	 竹筒香茶是云南傣族、拉祜族特有的风味茶 1. 竹筒香茶以大叶晒青茶为原料加工而成 2. 制作和烤煮尤为奇特,共有5道工序,分别为装茶、烤茶、取茶、泡茶、喝茶。竹筒香茶耐藏,将制好的竹筒香茶用牛皮纸包好,置于干燥处,品质常年不变
5	龙虎斗 (纳西族)	 首先要像熬煮中药般将茶叶放在小陶罐中烘烤,待到焦黄后注入开水煎煮,使茶汁熬得浓浓的,然后在小茶杯内盛上小半杯白酒,此时将熬煮好的浓茶汁冲进盛酒的茶杯内,顿时,杯内发出悦耳的响声,有时还要在茶水里加上一个辣椒。龙虎斗是纳西族治疗感冒的良药

(图片来源:百度图库)

二、外国茶艺

由于历史与文化背景不同，国外产茶的树种和制作工艺与中国茶艺不尽相同。如日本人注重茶道，他们在茶具选用和饮茶的氛围选择上颇为讲究；韩国人更注重茶礼，我国宋代时期的“点茶法”在韩国得到很好的传承和发展；德国人对花茶的理解是“有花无茶”的水果茶为上等花茶；美国人则更喜好罐装的冷饮茶等。

（一）韩国人的饮茶习俗

韩国的饮茶文化有着悠久的历史，从新罗时代算起已有数千年。韩国人注重茶礼，在韩国，“茶礼”指阴历每月初一、十五白天举行的祭礼。其茶礼不一定喝茶，也不一定有茶，而是一种庄重的仪式，如图 4.1 所示。韩国茶道以煮茶法和点茶法为主。

图 4.1　韩国茶礼

受我国宋代茶艺影响，韩国茶艺以“和、敬、俭、真”为基本精神，其含义如下：

①和，要求人们心地善良，互帮、互助、互爱。

②敬，尊重他人，以礼待人。

③俭，俭朴廉正。

④真，真心实意，为人正派，以诚相待。

在众多传统茶叶中，以大麦茶最为出名，这与韩国人的饮食习惯有关。出于气候和地理环境等原因，韩国人的饮食多以烧、烤、煎、炸为主，并辅以火锅、泡菜等，这些食物会给肠胃带来一些负担，而大麦茶恰好可以起到“缓解和化解”的作用，在进食油腻食物后饮用大麦茶，可以去油、解腻，起到健脾胃、助消化的作用。

突破传统的韩国茶礼模式，五行茶礼以规模宏大、人数众多、内涵丰富成为韩国国家级的进茶仪式。五行茶礼即献茶、进茶、饮茶、品茶、饮福。

（二）日本人的饮茶习俗

唐代时期，中国的茶文化通过禅师传入日本，经过几代人的发展，日本的茶道形成了自己的特色,如图 4.2 所示。日本茶道不仅要求有优雅的环境,而且规定要有一整套煮茶、泡茶、品茶的程序。日本茶道一般在茶室中进行,接待宾客时,待客入座,由主持仪式的茶艺师点炭火、煮开水、冲茶、抹茶,然后献给宾客。宾客须恭敬地双手接茶,先致谢,尔后三转茶碗,轻品、慢饮、奉还。饮茶完毕后,按照习惯,客人要鉴赏茶具,赞美一番。最后,客人向主人跪拜告别。

图 4.2　日本茶道

日本人以喝绿茶为主,其中麦茶尤受欢迎,麦茶与其他谷类混合后称为薏仁米,其在中医上有消炎、润肌等功效。所以日本人喝茶并非只是为了消暑解渴,同时也是为了保健。

(三)美国人的饮茶习俗

美国的茶叶市场,18 世纪以武夷茶为主,19 世纪以绿茶为主,20 世纪以后红茶数量剧增,占据了绝大部分市场。与英国喝茶方式不同,美国人喜爱喝加了柠檬的冰红茶,如图 4.3 所示。

图 4.3　冰红茶

冰红茶制作方式比较简单,将红茶冲泡或速溶后放入冰箱冷却,饮用时往杯中加入冰块、方糖、柠檬、蜂蜜或甜果酒。

【知识拓展】

白族“三道茶”

白族“三道茶”在白语中叫“绍道兆”，饮用此茶是白族待客的一种风尚。起初，“三道茶”只是长辈对晚辈求学、学艺、经商，以及新女婿上门时的一种礼俗。随着应用范围的日益扩大，“三道茶”发展成为白族人民喜庆迎客，尤其在新女婿上门、子女成家立业时长辈谆谆告诫的一种形式。

第一道茶为“清苦之茶”，寓意做人的道理——想立业，先吃苦。冲好头道茶后，主人要双手举茶，将茶敬献给客人，客人双手接茶，通常一饮而尽。此茶虽香但也味苦。

第二道茶为“甜茶”。喝完第一道茶后，主人会在小砂锅中重新烤茶置水，在茶杯里放红糖和核桃肉。此茶甜中带香，别有一番风味。其寓意为“人生在世，做什么事只有吃了苦才有甜香来”。

第三道茶为“回味茶”。主人先将一勺蜂蜜及三五粒花椒放入杯中，然后冲入沸腾的茶水，多以半杯为度。客人接过茶杯时需要晃动茶杯，使茶汤和佐料均匀混合。此茶喝起来回味无穷，可谓甜、苦、麻、辣各味俱全。

（资料来源：万方数据库）

【思考与实践】

1. 制作客家擂茶有着严谨的顺序，请为客人表演一套标准的客家擂茶。
2. 介绍纳西族的龙虎斗茶艺得名的原因并将响声演示出来。
3. 日本茶道与韩国茶道有哪些不同？

任务二 茶叶销售

【茶诗】

琴里知闻唯渌水，茶中故旧是蒙山。

——唐·白居易《琴茶》

【学习目标】

能根据客人的喜好推销茶叶；了解茶叶的销售渠道；了解茶叶的销售方式和销售技巧。

【前置任务】

以小组为单位，以一种茶叶（碧螺春、铁观音等）为样品，设计一段推销话术，尝试向其他小组推销本组的茶叶。

茶叶销售报告表

<table>
<tr><td colspan="2">销售品种：</td><td colspan="2">活动时间：</td></tr>
<tr><td colspan="3">组内成员：</td><td>组长：</td></tr>
<tr><td colspan="4">资料收集方式：</td></tr>
<tr><td colspan="4">任务分工情况：</td></tr>
<tr><td colspan="4">报告内容：</td></tr>
</table>

报告小组：

【相关知识】

世界上大多数物种越新越值钱，而茶叶却相反，它是越久越值钱。茶业在中国有着上千年历史，西方对中国的了解最早就是从丝绸和茶叶开始的，丝绸之路除了给西方带去中国的丝绸，更让西方人了解到中国人的养生之道——饮茶。

受北京奥运会和上海世博会影响，世界对中国茶叶的热情远远超过普通行业。近十年里，中国茶叶的销售金额在不断上升。作为一位茶叶从业人员，要了解不同茶叶的特性，要学会根据客人的喜好来推销茶叶。

茶叶从鲜叶采摘到产品销售，需要经过采摘、加工制作、包装、销售等七八道工序，好茶更需要10道以上工序，费时3～4周。由于生长周期长、储存难和竞争激烈等，茶叶销售人员需要先将市场细分，从而找准自己的消费对象。

一、茶叶市场消费群体

茶叶市场消费群体可大致划分为4类：旅游消费、团体消费、礼品消费、个人消费。

（一）旅游消费

以旅游者为主。他们讲究茶叶的地方特色性与茶叶的包装。

（二）团体消费

以单位和公司为主。由于是少数人决定，多数人使用，因此讲究茶叶的一致性和时效性。

（三）礼品消费

这类消费群体讲究茶叶的知名度和茶叶包装的精美度。

（四）个人消费

以普通消费者为主。他们是最讲究茶叶的口感和茶叶新、奇、特的消费群体。其中，个人消费又可以细分为功能消费、习惯消费、居家消费。

二、茶叶销售渠道

茶叶的销售渠道分为直接式销售渠道与间接式销售渠道。

（一）直接式销售渠道

直接式销售渠道指直接将茶叶从生产领域（采茶场）转移到消费领域（茶叶门店或餐厅）而不经过任何中间环节。如从茶叶生产者直接到茶叶消费者。

（二）间接式销售渠道

间接式销售渠道指茶叶从生产领域转移到消费领域要经过若干中间商的销售渠道。例如，茶叶生产者—零售商—消费者或茶叶生产者—批发商（或代理商）—零售商—消费者或茶叶生产者—代理商—批发商—零售商—消费者。

三、茶叶销售方式

茶叶的销售方式多种多样，主要介绍以下 3 种销售方式。

（一）集市销售

茶农携自家生产的茶叶到茶叶市场、农贸市场销售。这些茶叶大部分是销售给茶商的，小部分直接到达消费者手中。

（二）店铺销售

茶商开店销售茶叶，这种方式占据茶叶销售市场的绝大部分份额。包括茶农或茶叶生产企业自己设立的店铺、茶商开办的茶叶专营店和直销店、茶叶品牌企业连锁加盟店等。

（三）网络销售

随着网民迅速增加，将物品放到网站上销售是不少商家采用的新型营销方式，网上销售将逐渐成为新的竞争热点。由于大多数茶山与茶庄在偏远地区，商家在繁华地段开一间店铺去打响品牌显然不切实际，而网络销售却可以轻松解决这一难题。网络销售注意事项如下：

①优秀的摄影师。精美、有质感的图片会第一时间抓住客户的眼球，让客户在众多的网页中注意到你的网页。

②专业的介绍词。好的介绍词可以体现销售者对茶叶理解的深度，从而使客户对产品有信心。

③实用的包装。茶叶在运输的过程中容易损坏，坚硬和密实的包装可以延长茶叶的寿命。

【知识拓展】

普洱茶的存放技巧

普洱茶是人们最喜欢喝的茶之一，有人称它为"可以喝的古董"。一款好的普洱茶需要存放几十年。云南是普洱茶的起源地，在那里，普洱茶有句俗语叫"爷爷的茶孙子卖"，这里所指的普洱茶一般是生茶。生茶指未经渥堆发酵处理，把采来的茶青萎凋、晒干、蒸压成型后干燥而成的饼茶、散茶。20 世纪 70 年代以前，老茶基本以青饼、生茶为主，生茶茶性较烈。而通过加温渥堆技术在一定温度、一定湿度下发酵制成的普洱茶，称为熟茶，熟茶茶性趋向温和，如图 4.4 所示。

图 4.4　普洱茶

茶叶易吸收杂味，普洱茶适合存放在潮湿闷热的南方地区，储存环境应力求清洁无杂味，避免与香水、烟酒等放在一起。最好专门设置储藏室，保持适当通风，湿度保持在 80%以下，避免阳光、空调和屋内射光等，防止普洱茶变质。此外，存放数量要适当，小房间不宜存放太多茶叶，新茶老茶应该分开存放，避免互相影响。

【思考与实践】

1. 以小组为单位，自选一种茶叶，向同学和老师推销这种茶并写出茶叶的特性和出产地。

2. 拟定一份茶叶销售员的行为准则。

任务三 经营之道

【茶诗】

故情周匝向交亲，新茗分张及病身。
红纸一封书后信，绿芽十片火前春。
汤添勺水煎鱼眼，末下刀圭搅麴尘。
不寄他人先寄我，应缘我是别茶人。

——唐·白居易《谢李六郎中寄新蜀茶》

【学习目标】

了解茶艺馆的经营模式和管理方法。

【前置任务】

以小组为单位，以学校或某茶艺馆为场地，拟定一份经营茶艺馆的人员安排表。

茶艺馆人员安排表

<table>
<tr><td colspan="2">茶艺馆名称：</td><td colspan="2">茶艺馆地址：</td></tr>
<tr><td colspan="3">员工名称：</td><td>店长名称：</td></tr>
<tr><td colspan="4">员工分配依据：</td></tr>
<tr><td colspan="4">员工分工情况：</td></tr>
<tr><td colspan="4">报告内容：</td></tr>
</table>

报告小组：

【相关知识】

喝茶在我国是一种人文文化，文人七件宝即琴、棋、书、画、诗、酒、茶，在人们的生活中，茶占有非常大的比重。古代的茶馆以喝茶为主，经过岁月洗礼，现代茶艺馆演变为以品茶为主。

茶艺馆是一个新兴的行业，它在弘扬中国传统茶文化、促进茶叶消费、提高人们休闲生活的品质等方面发挥了积极作用，吸引着越来越多的经营者和顾客。“品茶即品人生”是现代茶艺馆追求的最高境界。

一间好的茶艺馆须在选址、起名、装潢、进货等方面谨慎考虑，其中，人才招聘方面尤为重要。优秀的茶叶销售员或茶艺师应有扎实的茶叶基础知识和专业的茶艺表演技能。

一、茶艺馆茶艺师的素质要求

(一)丰富的茶学知识

身为茶艺师,须熟悉每一种茶叶的出处和特性,可以根据客人的不同需求推销茶叶。同时茶艺师也要熟悉茶业生产、流通、消费的全过程,并具有较高文化修养和艺术鉴赏能力。能识别假茗,运用得当的方法指导品饮,如能够正确演示绿茶茶艺、红茶茶艺、乌龙茶茶艺等。

(二)整洁的仪容仪表

整洁又与茶馆环境相匹配的茶服,可以体现出茶艺师良好的精神面貌。根据年龄、肤色、环境等因素佩戴相宜的饰品,符合茶艺馆所体现的风格。女性茶艺师须重视指甲的修剪,男性茶艺师则须注意胡须的清洁。

(三)良好的服务礼仪

微笑是茶艺师必备的表情。茶艺师直接与客人面对面交谈,最可以感受到客人的心情,而微笑是展现茶艺师魅力的重要手段,所以茶艺师一个真诚的微笑可以令客人记住茶艺馆,给客人留下深刻的印象,茶艺师可以对着镜子练习笑容。

(四)生动的语言表达

在茶艺馆里,茶艺师应轻声细语。遇到急躁的客人可以适当地加快语速,遇到不善言辞的客人,茶艺师则需减慢语速或点头示意。用深入浅出的语言向客人介绍茶叶,令懂茶的客人体会到茶艺师的深度,令不懂茶的客人对茶产生兴趣。

(五)健康的体魄

茶艺师要有健康证明。

二、茶艺馆的库存管理

在原材料和人工费不断上涨的今天,如何降低成本是茶艺馆经营者必须考虑的问题。对于茶艺馆而言,控制成本最直接的方法就是延长茶叶的寿命,这就涉及茶叶的库存管理和储存。

（一）茶叶库存管理

库存管理是指进货管理。首先，茶艺馆经营者应是一位爱茶之人，能喝出一壶茶的好坏，从而根据茶叶的品质和厂家协商价格；其次，在销售茶叶过程中，茶艺师占主导地位，茶艺师要根据客人的品味、爱好、身体条件、饮茶习惯等有针对性地为客人推荐茶叶，记住客人的喜好对茶叶的库存管理非常重要。茶艺师要尽量让好茶卖出好价钱。

（二）茶叶的储存

茶叶的储存比较困难，如何保留茶叶的香味是茶艺馆面临的难题之一。影响茶叶品质的主要因素有氧气、水分、光线、温度，所以新进的茶叶要妥善地储存，以免潮湿。不同茶叶的储存方法不同，如乌龙茶和红茶大批储存，通常以木炭作为吸湿材料。取木炭置于瓦罐或铁皮桶中，装入茶包，压上平整木板，防止茶香外泄和外界潮湿空气进入；铁观音须放入冰箱中储藏。但要注意铁观音的茶叶要足够干，放入冰箱的茶叶必须包装严密，包装材料能防止茶叶因吸收异味和吸潮而变质。

三、茶艺馆经营实例

下面以学校的茶艺馆为例来了解在经营管理中如何做好环境管理、卫生管理、人员管理、后勤管理、营销管理。

（一）环境管理

1. 安全管理

①定期检修茶艺馆的电气设备（每月 1 次）。

②定期对工作人员进行消防知识培训（每学期 1 次）。

③在每次离开茶艺室前，工作人员应检查门窗、电源等是否关闭。

④在经营过程中，工作人员要注意茶艺室的安全，防止物品丢失或被损坏。

⑤茶艺室的管理老师对茶艺室的家具、茶叶、茶具进行登记管理，建立用具、茶叶账目及损坏情况登记本，对每次的情况进行登记，并要求仓管老师及时补齐缺货。

2. 卫生管理

①地面要求“光、亮、净”，无污水、纸片和脚印等；要及时清理茶客丢弃的废物。

②大厅、房间、墙脚、窗台等处无积尘、浮土、蜘蛛网等；玻璃要清澈透亮，无污点和污痕。

③柜台、货架、音响、电视机等看得见、摸得到的地方不得有污物、灰尘。台面无杂物、茶迹等。

④要及时清理垃圾桶；室内经常通风，无异味；各种物品摆放整齐、有序。

⑤客用茶具无水痕、污迹、手纹、茶迹等(紫砂壶、茶船除外)。

⑥对客用茶具、餐具按规定消毒。

⑦生熟食品分开存放。

⑧每天开门前,工作人员要全面打扫卫生,对所有区域按标准进行清理,并逐项检查,不合格的地方要重新清理。

⑨每天关门后,工作人员要彻底打扫一遍地面、台面。

(二)人员管理

1. 岗位职责

(1)店长、经理的岗位职责

①营业前检查卫生、用具,让员工及时修正不足之处。

②检查出勤人数。

③检查服务人员的仪容仪表。

④主持茶艺馆例会,总结前一天的工作,提出新要求。

⑤培训员工,提高员工的茶艺、茶文化知识水平和服务技能,抓好学生队伍建设,对其表现进行考核和奖惩。

⑥检查各项管理制度的落实情况,健全不完善的制度。

⑦控制经营成本,抓好茶叶、小食的质量;检查有关物品的存量,并及时补购等。

(2)主管的岗位职责

①负责营业前的卫生分配工作,发现问题时及时处理。

②确定每个员工的服务区域和范围,在例会向店长汇报,如不合理要及时调整。

③营业过程中,要及时处理发生的任何情况,必要时协助服务,检查现场的安全状况。

④负责盘点器具等。

⑤每天关门前要进行安全检查,分配卫生工作,经主管老师检查后方可离开。

⑥填写营业日志及值班日志。

⑦当月结束营业后做经营情况月度总结,将总结上交给店长。

⑧制订茶艺馆的经营项目,制订营销制度并进行宣传,制订菜单等。

(3)茶艺员的岗位职责

①接受学生主管的工作分配,完成营业前的卫生工作。

②熟悉茶艺馆的设施、服务项目、价格等,对工作有热情。

③负责台面摆设,确定所需物品齐备和完好无损。

④熟悉服务流程,严格按服务程序和标准为茶客服务。

⑤保持服务区整齐与清洁,负责台面清理、茶具清洗。

⑥认真学习,并积极参加茶艺馆组织的各种培训。

⑦遵守茶艺馆制定的各项规章制度。

⑧将捡到的物品及时上缴。

(4)收银人员的岗位职责

收取现金并及时整理,勿让其他不相关人员进入收银柜,营业后要及时核查结账单。

2. 仪容仪表的管理要求

①必须保持服装整齐清洁,注意个人卫生,常修指甲;男生经常修整胡须头发;女生要扎起长发,不佩戴饰物,手部不能涂抹化妆品。

②穿茶艺室制服,佩戴名牌,如遗失须赔偿。

③迎接客人毕恭毕敬,面带微笑,双腿不可分开,头部不可歪斜或高仰。

④在茶艺馆注意礼貌用语,不能聚集在一起聊天,不可高声说话、嬉戏、打闹,不可带手机。

⑤递送物品要双手轻拿轻放,不能和客人发生争执,不能带着不愉快的情绪工作。

⑥员工之间要和谐相处,团结互助。

⑦不能在服务现场干私活。

3. 考勤制度

①员工按时上岗,不迟到,不早退,不旷工,不擅离职守,有事请假,并按要求办理请假手续。

②考勤作为员工考核、奖惩的重要依据之一,不得涂改,当因记录错误而更改时,当事人要签名并说明原因。

③对违反考勤制度者,先警告,如果再次违规,就需视情况扣除相应工资。

(三)后勤管理

1. 采购工作

负责采购的员工要根据茶艺馆的经营情况向财务主管提出申购申请并借钱采购,采购入库后,向财务主管报销。

2. 仓库管理

每星期五营业结束后,负责仓库管理的员工必须检查库存,登记每天物品的进出,如需进货应及时与店长联系并填写物品申购单。

3. 财务管理

茶艺馆的收银人员,在每天营业结束后,及时整理当天的账目,然后填好进出账本;每月月底整理营业情况,向店长汇报。

(四)营销管理

①茶艺馆每周五下午进行专业训练,“以茶会友”,让学生将所学的茶艺知识在同学们面前表演,有兴趣的教师与学生也可参加,所有用品由茶艺室免费提供。

②会员制度。成立“茶艺友人”俱乐部,每学期收会费 5 元,会员可享受第二泡茶免费优惠,还可免费参加俱乐部举办的活动 1 次。

③在学校广播站做关于茶艺知识的宣传,每月 1 次。

【知识拓展】

茶文化社宗旨

茶艺馆的宗旨是弘扬中华传统文化，以茶会友，丰富现代人的学习和生活，陶冶情操，修身养性，丰富业余文化生活，培养个人气质；其目的是宣扬茶文化历史，介绍茶艺，并通过活动来培养人们对茶文化的兴趣，使人们在活动中相互交流，把对茶的爱好上升为对人生“静”“怡”的追求。茶艺馆不仅是一个品茶的地方，它还是一个品文化的地方。很多学校都开设了自己的茶文化社，下面以其中一个中职学校为例，看看他们的入社要求。

凡申请入社者，完成入社手续后当发予社员证，以证明为本社社员。严重影响社团名誉、违反工作制度以及违法乱纪等的成员应立即除名；经社团管理机构研究不服从组织安排、工作不积极主动的成员，可予以开除；茶文化社员工必须做到每天小结、每周大结，还须遵守茶艺馆经营管理规则；每次召开大会须携带笔和笔记本，注意仪容仪表；有好的建议或意见时，可在会上提出。

社长为本社最高负责人，负责本社社务。副社长一职由社长任命，副社长负责协助社长处理社务，统领各部组长，并领导各组行事。

【思考与实践】

写一份关于茶艺馆招聘茶艺师的招聘书，须注明茶艺馆的名称、地址、招聘条件等。

附　录

附表　茶类表

茶类	发酵率	工艺	颜色	原料	香味	汤色	滋味	性质	代表茶
绿茶	0	杀青+揉捻+干燥	干茶以绿色为主，久置或与热空气接触易变色，有碧绿、翠绿或黄绿等	嫩芽、嫩叶，不适合久置	清新的绿豆香	以绿色为主，黄色为辅	味清淡微苦	富含叶绿素、维生素C，茶性较寒凉，咖啡碱、茶碱含量较多，较易刺激神经	雨花茶、龙井、碧螺春、黄山毛峰、太平猴魁等 西湖龙井
红茶	100%	杀青+揉捻+干燥	干茶为暗红色	大叶、中叶、小叶都有，一般是切青、碎型和条型	麦芽糖香，一种焦糖香	红艳明亮	浓厚略带涩味	温和，不含叶绿素、维生素C，因咖啡碱、茶碱较少，兴奋神经效能较低，清饮、调饮都适宜	祁门红茶、滇红、宁红等 祁门红茶
乌龙茶（青茶）	10%～70%	杀青+发酵+揉捻+干燥	青绿、暗绿、青褐	两叶一芽，枝叶连理，大都是对口叶，芽叶已成熟	花香果味，从清新的花香、果香到熟果香	翠绿、蜜绿或金黄色	滋味醇厚回甘，略带微苦，也能回甘	温凉，略具叶绿素、维生素C，茶碱、咖啡碱约有3%	冻顶乌龙、闽北水仙、铁观音、武夷岩茶等 铁观音
花茶	发酵度视茶类而异	以茶叶加香花窨焙而成	视茶类而异	茶主要有绿茶、红茶、乌龙茶，花有茉莉花、玫瑰、桂花、黄枝花等	浓郁花香和茶味	视茶类而异	富花的特质，饮用花茶另有花的风味	视茶类而异	茉莉花茶、牡丹绣球、桂花乌龙茶、玫瑰红茶等 花茶

紧压茶	发酵度视茶类而异	将毛茶(主要有绿茶、红茶、乌龙茶、黑茶)用高温蒸软,压制而成	大都是暗色,视原茶种类而异	各种茶类的毛茶都可为原料,属于再加工茶类	醇正的陈年旧香	深色	醇厚回甘好	视原茶性质而异	花砖、普洱方茶、竹筒茶、米砖、沱茶、黑砖等 紧压茶
白茶	10%	茶青+萎凋+揉捻+干燥	色白隐绿,干茶外表满披白色茸毛	福鼎大白茶种的壮芽或嫩芽(芽叶上盖满白毫)制造,大多为针形或长片形	味清、香气弱	浅淡,象牙色	鲜爽、甘醇	寒凉,有退热祛暑作用	银针白毫、白牡丹、寿眉等 白牡丹
黄茶	10%	茶青+揉捻+闷黄+干燥	黄叶	带有茸毛的芽头,芽或芽叶制成	香气清纯	黄汤	滋味甜爽	凉性,产量少,是珍贵的茶叶	君山银针、蒙顶黄芽、霍山黄芽等 君山银针
黑茶	后发酵茶	茶青+揉捻+渥堆+干燥	干茶黑褐色	大叶种等茶树的粗老梗叶或鲜叶经后发酵制成	特殊陈香	汤色橙黄或枣红色	醇厚回甘好	温和,属后发酵茶,可存放较久,耐泡耐煮	普洱茶、湖南黑茶、老青茶等 黑茶

参考文献

[1] 郑春英.茶艺概论[M].北京:高等教育出版社,2001.
[2] 栗书河.茶艺服务训练手册[M].北京:旅游教育出版社,2006.
[3] 丁以寿.中华茶艺[M].合肥:安徽教育出版社,2008.
[4] 吴建丽.养生中国茶[M].上海:文汇出版社,2010.
[5] 林治.中国茶艺[M].北京:中华工商联合出版社,2000.
[6] 阮浩耕.茶之初四种[M].杭州:浙江摄影出版社,2001.